塔维斯托克诊所
了解你的
孩子

10—14岁
青少年，你在想什么？

Understanding 10-11-year-olds
Understanding 12-14-year-olds

［英］Rebecca Bergese，Margot Waddell 著
杨维玉 译
林怡青 胡 萍 审校

中国轻工业出版社

图书在版编目（CIP）数据

10—14岁青少年，你在想什么？/（英）丽贝卡·伯吉斯（Rebecca Bergese），（英）玛戈特·华德尔（Margot Waddell）著；杨维玉译. —北京：中国轻工业出版社，2019.6（2024.4重印）

（塔维斯托克诊所·了解你的孩子）

ISBN 978-7-5184-2168-8

Ⅰ. ①10… Ⅱ. ①丽… ②玛… ③杨… Ⅲ. ①青少年心理学 Ⅳ. ① B844.2

中国版本图书馆 CIP 数据核字（2018）第249991号

责任编辑：孙蔚雯　　责任终审：杜文勇
策划编辑：孙蔚雯　阎　兰　　责任校对：刘志颖　　责任监印：吴维斌

出版发行：中国轻工业出版社（北京鲁谷东街5号，邮编：100040）
印　　刷：三河市鑫金马印装有限公司
经　　销：各地新华书店
版　　次：2024年4月第1版第5次印刷
开　　本：880×1230　1/32　印张：7.75
字　　数：108千字
书　　号：ISBN 978-7-5184-2168-8　定价：48.00元
读者热线：010-65181109
发行电话：010-85119832　010-85119912
网　　址：http://www.chlip.com.cn　http://www.wqedu.com
电子信箱：1012305542@qq.com

240409Y2C105ZYW

推荐序一

成长与陪伴

林玉华

台湾辅仁大学医学院临床心理学系教授

塔维斯托克（Tavistock）诊所[1]自1920年成立以来，其发展深受精神分析的影响。将近一个世纪，塔维斯托克诊所以对于心理健康服务之推动以及训练心理治疗师的贡献享誉全球。目前，它已经成为英国最大的心理健康专业人员培训机构，为家庭医生、精神科医生、精神科社工、精神科护士、育婴工作者、教育心

[1] 第一次世界大战之后，神经科医生Hugh Crichton-Miller在维也纳心理学派的基础上，针对患震弹症和神经症的退伍军人研发出了一套心理治疗法。之后在Crichton-Miller医生的推动之下，于1920年催生了塔维斯托克医学心理学院（即目前的塔维斯托克诊所和培训中心），从此展开了对于一般民众的心理治疗服务以及针对心理治疗相关专业人员的训练。除了精神分析导向的心理治疗之外，塔维斯托克培训中心近50年来也陆续推出了短期动力导向心理治疗、系统家庭治疗以及团体治疗等多样化的心理治疗模式。至今，该中心每年会提供超过60种不同的培训课程，每年会培训出约1700名专业人员。塔维斯托克诊所直至今日仍是精神分析导向心理治疗师的培训重镇，其领军地位依然屹立不摇。

理师、临床心理师以及心理治疗师提供高质量的训练课程及学位学历。除此之外，塔维斯托克诊所也以其精湛的临床和咨询经验以及研究结果推出了系列丛书，借此增进心理相关专业人员对于各年龄层的个案在心理健康领域各个层面的理解与介入。“塔维斯托克诊所·了解你的孩子”系列丛书由一群在塔维斯托克诊所受训过的临床工作者或督导执笔[1]，他们根据自己的临床经验与反思，提出了对于婴幼儿的心智世界以及亲子关系的独到见解。

本书并未尝试为父母提供关于婴儿生理发育的知识或育婴法则，亦未试图针对幼儿的教育问题给予具体的建议。本书的作者们都曾受过精神分析或是精神分析导向心理治疗的训练，因此他们的反省主要在于陈述婴幼儿内心世界的发展，特别是一个人从胎儿、婴儿、幼儿到学龄期与主要照顾者之间所发展出的错综复杂的关系。例如，婴幼儿与父母之间的情绪经验，这些强烈的情绪经验如何彼此传递，以及这些情绪之间的相互作用如何影响婴幼儿内心世界的发展；随着婴儿的长大，当他们变得越来越独立，也越来越有自己的想法与主见时，父母所面临的情绪冲击与抉择，以及婴儿作为一个独立的个体，与父母之间的交错动力如何再度展开。

[1] 在“塔维斯托克诊所·了解你的孩子”系列丛书的作者群中，有半数以上的人曾经是我在塔维斯托克受训时的老师，能够再度赏阅他们年轻时的著作，甚是喜悦。其中，苏菲·博斯韦尔（Sophie Boswell）是我在受训时的同事，每当聆听她的个案报告，我总是为她优美的文笔赞叹不已，看到她也在作者群中，为她感到无比骄傲。

许多初为人母者可能对于正在孕育的以及即将诞生的婴儿怀有许多幻想与情绪。婴儿出生时的慌乱和可能随之而来的失落感，以及婴儿诞生之后的强烈情绪和必须立刻被满足的要求，可能都会使初为人母者感到惊愕与措手不及。当婴儿渐渐长大，父母也必须不断适应婴儿的变化、自己复杂的情绪变迁以及随之而来的层层挑战。有些父母会因为孩子的日渐独立而如释重负，并重新找回自己的立足点；有些则会发现随着婴儿的成长，自己处在难以忍受的失落中；另有一些父母则无视孩子的变化，而继续沉溺在彼此牵绊的情感依恋中。

20年前，我为了接受精神分析导向心理治疗的训练，开始进行婴儿观察，其中有一段婴儿刚满1岁时的情景以及母亲的对话，现在回忆起来仍然历历在目。我去观察的那一天，刚好看到婴儿开始学习扶着床边走路。母亲坐在地上满意地看着婴儿摇摇摆摆地从床沿的这一端往另一端走，走着走着，母亲突然开玩笑地对婴儿说："你真的要走啦？可是你忘了带尿布喔。"听到母亲的提醒，婴儿面无表情地扶着床沿往回走，这时我和那位母亲都会心地笑了。母亲将装有尿布的背包挂在婴儿的双肩上。婴儿背着背包又继续扶着床沿往另一端走。婴儿走到半路，母亲又提醒婴儿尚未带奶瓶。婴儿再次面无表情地扶着床沿往回走，母亲将奶瓶放入婴儿的背包中。婴儿背着装有生活用品的背包，再次展开他的旅程。这时，母亲脸上满意与骄傲的表情突然收敛了起来，带着感叹的语气跟我说："你看，他这样走着走着，有一天，他就会这样走出去，再也不需要我了！”这一幕描绘了母亲看着1岁的婴儿渐渐能掌控自己的四肢时的感受，虽然1岁的婴儿离变成一个独立自主的人还有一段不短的距离，但是看着婴儿渐渐能运用自己的四肢做自己想做的事，已经让一位母亲在心中揣摩着孩子独立之后的样子，以及自己在孩子独立之后的位置。

费来堡（**Fraiberg**）的经典文献《育婴室里的阴魂》（***Ghosts in the nursery*****; Fraiberg, Adelson & Shapiro, 1975**），阐述了在婴儿诞生时，父母未处理好的过去如何会再次像阴魂一样笼罩育婴室，影响着父母对于婴儿的想象与看法以及母婴的互动关系[1]。婴儿的情绪勾引出了父母的情绪，而父母自己的早期经验又反过来影响着他们对于婴儿情绪的解读与反应，如此反复，婴儿与父母之间错综复杂的情绪环环相扣，要找出这之间的系铃者已非易事，这个铃要怎么解，更是一门大学问。

“塔维斯托克诊所 · 了解你的孩子”系列丛书不一定可以给你提供所要的答案，但是一定可以帮助你了解自己和你的孩子。

[1] Fraiberg, S., Adelson, E., & Shapiro, V. (1975). *Ghosts in the nursery: A psychoanalytic approach to the problems of impaired infant-mother relationships*. *Journal of American Academy of Child & Adolescent Psychiatry*, *14* (3), 387-422.

推荐序二

改变从理解开始

李松蔚

北京大学临床心理学博士

家庭咨询师，自媒体专栏作者

“从来就没有单纯的婴儿这回事。”温尼科特说。

这句话从本质上揭示了育儿的挑战和魅力所在。婴儿的一切行为、情感都是变化的、互动的，必须放到与养育者的关系中去理解。这就注定了一切机械论的、还原主义的尝试都行不通。想要理解他们的小脑瓜里千变万化的思想，予以恰当的应对，是一项高难度的挑战，充满了自我参照的不确定性。塔维斯托克的这套书出色地完成了这个挑战。

这套书可以帮助家长了解孩子内在的发展变化规律。理解了这些规律，父母心里有了底气，就会减少很多不必要的担心：为什么孩子总喜欢把东西按照固定的次序排列？为什么他不跟别的小朋友一起玩？他看动画片是不是太多了？为什么他总在分心，是否专注力不够？……如果缺乏相关的知识，就很容易引起父母的紧张，甚至是灾难化的想象：这会不会是某种疾病的早期征兆？会不会耽误孩子的未来发展？我应该做点什么，以便及时干预这些“问题”？

最近这些年，随着原生家庭这个说法的流行，年轻的父母对育儿这件事普遍感到紧张。社会舆论的压力也越来越大，几乎所有父母都在学习怎样为孩子做得更多、更好。一方面，人们愿意为孩子多花时间精力，这挺好。另一方面，时间精力如果没有花在点上，不但可能没效果，反而可能加重孩子的负担。有时，我们会听到一些夸张的“提前教育”——教幼儿园小朋友学习小学高年级的知识，所需的思维能力远远超出了小朋友的年龄认知水平，他不可能真正掌握，除了死记硬背，别无他法。如果看过这套书，就不会犯这种错误。

我们应该为孩子做他们真正需要的事，而不是我们自认为必要的事。

父母为孩子做什么、不做什么，毫无疑问会对孩子产生深远影响。从这个角度来说，这套书可以改变你们家庭的互动模式。有时候，父母沉浸在自己的一套理论中，认定孩子是疯狂的、野蛮的、不守规则的，甚至是充满破坏性的。带着这些理解，他们会对孩子的言行做出负面解读：“他为什么不写作业？一定是因为想偷懒。”甚至，“一定是为了故意气我。”之后他们就会以回应负面行为的方式处理：批判、打压、惩罚……

按照系统家庭治疗的理论，这些回应方式跟孩子形成了某种僵化的互动模式，反而导致了问题的维持。为了改变这种模式，系统家庭咨询师在咨询中经常问父母："孩子这样做，有什么好的理由呢？"我们期待父母从孩子的行为中看到善意的、正向的动机。哪怕孩子真的做出了糟糕的行为，如果父母在教育他的同时能够以一种欣赏的眼光看待孩子在行为背后的诉求，他们之间的关系就会很不一样，孩子的行为也更容易改变。

但父母有时很难改变，他们站不到理解孩子的立场上："理由？他就是个熊孩子。"

以后，我会建议他们读一读这套书。幸运的是，这是一套用善意写就的书，书里有很多"好的"理由，它帮我们认识到孩子是如何一天天长大的，他们的内在发生了何等奇妙的变化，他们是如何以符合心智水平的方式解决他们特有的问题的。没有指责，没有评价；只有深深的共情和理解。理解孩子的同时，也帮助家长理解自己——每个父母都可以在书里看到自己；你的孩子怎么样，就会导致你怎么样，你被激发出什么样的情绪，最终陷入怎么样的互动中……这套书会告诉你，这些过程是如何发生的。只要你了解了，就不会再被它左右。

常常有人问："要怎么培养一个理想的孩子？"其实就像养花，重要的是认识它的内在规律。你嫌它长得慢，或者不是你要的样子；但你永远不能替它生长。你无法控制一朵花怎样长大，到什么时间开花。它有自己的节奏。我们能做的就是给它适宜的环境、光照和水分，然后就是等待。话虽如此，但等待的过程是煎熬的，而且充满自我怀疑。好在这套书可以告诉我们，这朵花正在怎样长大。这一点对所有“养花人”来说，都是有功德的。

前　言

英国塔维斯托克诊所是一家在心理治疗师培训、临床心理健康工作以及研究和学术上取得了卓越成就的心理治疗中心，享誉世界。它成立于1920年，其发展历史本身就是一项具有开创性的工作。起初，塔维斯托克诊所的目标是希望其临床工作能够提供以研究为基础的治疗，以之进行心理健康问题的社会防治与处理，并且将新的技巧教给其他的专业人员。后来塔维斯托克诊所转向创伤治疗，以团体的方式了解意识和潜意识的历程，而且在发展心理学这个领域做出了重要贡献。它在围产期[1]的丧亲哀伤经验上所下的功夫，让医疗专业对死产经验有更进一步的了解，也发展出了新的支持方式去帮助丧亲哀伤的父母和家庭。20世纪五六十年代发展起来的心理治疗系统模式强调了亲子之间和家庭内的互动，现在已成为塔维斯托克诊所在家庭治疗的训练和

[1] 围产期，指的是围绕在新生儿出生前后的那段时间，包括产前、生产和产后，通常指怀孕第七个月到新生儿出生后第一周的这段时间。

研究中所采用的主要理论和治疗技巧。

本系列丛书在塔维斯托克诊所的历史中占有一席之地。它曾以完全不同的面貌出版过3次，分别是在20世纪60年代、20世纪90年代和2004年。每次出版，作者都会用他们在临床背景和专业训练中观察和经历过的故事来描绘“正常的发展”。当然，社会一直在改变，因此，本系列丛书也一直在修订，期望使不断成长的孩子和父母、照顾者以及广阔的外在世界之间的日常互动呈现出应有的意义。在变动的大环境之下，有些东西还是不变的，那就是以持续不间断的热情，专注观察孩子在每个成长阶段的强烈感受和情绪。

本书第一部分的内容着重于10—11岁这个年龄，这个阶段的儿童不再幼小，且年龄“终于”有两位数了，这是他们梦寐以求的。他们开始了解成人的世界，并想参与其中。他们会经历逐渐独立的过程，同时又相当渴望成为某个团体的一分子。作者丽贝卡·伯吉斯（Rebecca Bergese）阐述了许多与家长和专业人士相关的议题，例如，如何在支持孩子的同时给予他们更多的自由；了解孩子们在此阶段发生身体变化的感受；学校生活与欺凌行为。作者为如何支持即将进入青少年期的孩子们提供了中肯的建议。

第二部分让我们了解了12—14岁这个阶段的发展过程中的许多方面，包括独立、界限的试探以及对生理与心理变化产生的影响。作者玛戈特·华德尔（Margot Waddell）给出了富有思想性的评论，利用生动的案例，真实地呈现这些议题。她深知这些“新的”议题各有渊源，并栩栩如生地描述了当独立的强烈渴求撞上过往的行为模式及对获得安全感的希望时，所发生的转变。

乔纳森·布拉德利（Jonathan Bradley）

儿童心理治疗师

“塔维斯托克诊所·了解你的孩子”系列总编

目　录

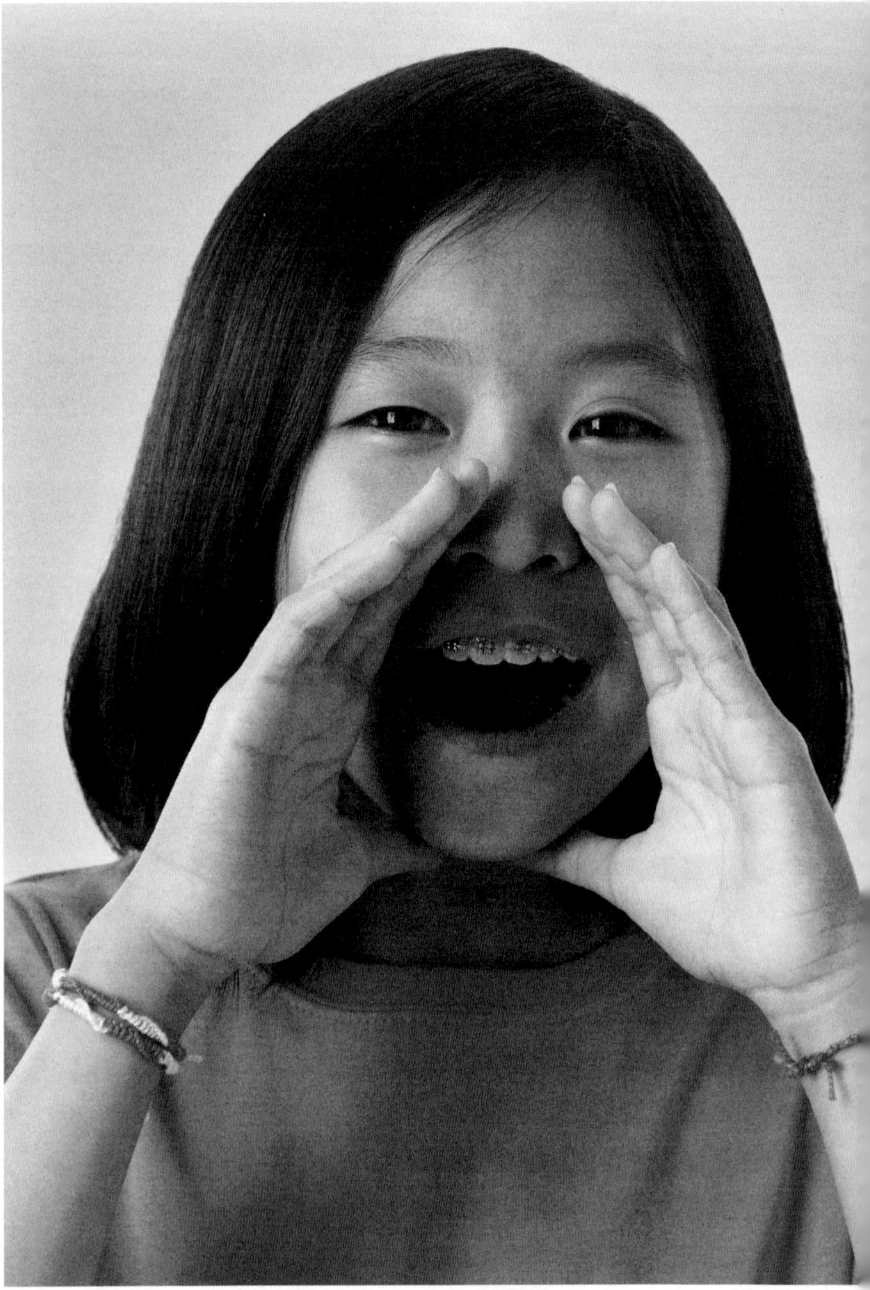

第一部分

迫不及待要长大的大小孩

10—11岁儿童

丽贝卡·伯吉斯（Rebecca Bergese）

引　言

她背对着我坐着，是一个高挑的女孩，有一头梳理得整整齐齐的金发，她舒舒服服地坐在家门口的花园围墙上，等着妈妈回来。女孩身上穿着时下流行的粉红色上衣，配上边缘磨损的旧牛仔裤，牛仔裤外还套着一件条纹小短裙，脖子上挂着数条银制项链，耳朵上戴着长耳环。艾琳在膝盖上玩弄着一些小东西。走近一步，我看到她正试着整理一些纠缠在一起的金属物——一把梳子、一只小猫咪、一颗闪亮亮的心型吊坠、一只海豚、一只毛茸茸的松鼠——以及一块木制的非洲大陆地图，这些钥匙环都挂在她的书包上。艾琳转向我，说想要整理一下这些东西，因为书包上挂的东西太多了，越来越沉了。挂在书包上的钥匙环收集品就像是一串奖牌，有暑假去游乐园时、参加朋友的生日派对时以及全家去海边度假时得到的战利品。她给了我一个灿烂的笑容，就好像把我视为知心好友一般，接着继续告诉我下学期她会需要一个新书包，因为现在这个已经不够大了。“你觉得我们会有储物柜吗？”艾琳问我，好像在看与“中学”有关的电视节目，并从中搜寻所需要的相关知识。我告诉她，我想她在新学校里会有一个新的储物柜，但我不认为她在需要赶往下一个教室的短暂的下课时间里会有时间使用它。艾琳注意到了我的背包，并问起我的家庭。她很好奇，纳闷着60岁的人都喜欢做些什么事情。当我正打算继续踏上回家的路时，艾琳的妈妈回来了。

一群男孩从附近的人行道上走来，一副不修边幅的模样，各个长腿大脚。他们互相半推挤着，有所期待且急切地将身体向前倾，看起来似乎相当紧绷，踢着一个漏了气的足球沿着街道走着。他们并不是很嘈杂，但当他们的声音在空气中蔓延开来时，让人有一种错觉，以为他们是一大群人，互相催促着对方。当这群男孩经过我的身旁时，音量降低了些，动作也慢了下来，表示他们有所警觉。其中一个身材较为矮小的肤色苍白的黑发男生，试着描述他下午在朋友的生日派对上看到的一个足球。当快要经过我的身旁时，他很自动地和其他人一样，暂时收起了想要继续讨论的热切情绪，并降低了音量。我微笑着向他们走去，但这四个人都转开了头，我才发现他们的发型都如修剪过的草坪，因为他们都留着和运动员一样的寸头。一个男生和他的朋友计划着，要是大家能够凑到足够的钱去买一个新足球，大家晚一点就可以在街尾碰面，继续完成刚刚在公园里未比完的罚球赛。另外一个男孩很有自信地保证，要大家不用担心，他爸爸在家里放了一个装满了零钱的罐子，他可以借到足够的钱在街角的杂货店里买一个球。看来，他们已经计划好要如何愉快地度过下午时光了。

在不远处，艾琳快速地看了这些男孩一眼，然后甩了甩眼前的头发，跟着妈妈走进家门。

“两位数”的年龄

一旦孩子开始上学，学会了数数，了解了数字的读法与意义，他们就会迫切期望快点长大到10岁的年龄——两位数的年龄！对于一个七八岁的儿童来说，10—11岁的年龄代表着成熟、智慧和沉稳。11岁的孩子被赋予了某种程度的独立能力，这种能力在表面上象征着较高的地位。我们大人的观点可能迥然不同，但对11岁的孩子而言，这个时期可以是很简单快乐的，或是被作为探索更复杂情绪的开端，这些都是本部分会讨论的主题。

接下来的章节会着重于这个年龄段的儿童的观点。他们不再幼小，开始学习一些技巧与养成某些看法了，而且与将来长大成人后的行为与态度竟相去不远。这些针对10—11岁儿童的观察均以精神分析师——如弗洛伊德（Sigmund Freud）、克莱茵（Melanie Klein）、比昂（Wilfred Bion）及温尼科特（Donald Winnicott）等人——在心理学上的理解和理论为基础而展开。但本书并不是精神分析学派的指南或教科书，仅是对10—11岁儿童的世界以及这个阶段的情绪发展加以阐述。本书借助精神分析学家的观点，从假设情绪是人类生命固有的一部分开始谈起。因此，我们的情感常常能对其他部分，如生理健康、思考能力以及对周遭世界的理解能力，造成极大的影响。

在本部分开头所描述的孩子们都即将迈入11岁，正处在小学生涯的最后一段时间，满心期待着暑假前的庆祝活动。他们即将面临升上中学（secondary school[1]）所带来的改变：进入新学校，重新体验身为较为“幼小”的族群的感觉，再次引发了稍早在小学低年级时的复杂感受。有些孩子有哥哥姐姐，因此他们在成长过程中已站在旁观者的角度经历过这个时期所有的转变了。或许，慢慢融入年龄较大的儿童也是一种慰藉和乐趣。在家排行老大的孩子，像艾琳一样（有两个妹妹），觉得自己很幸运，迫不及待地想要长大，成为青少年，如此一来就可以选择想穿的服饰、用MP3[2]听喜欢的音乐，或拥有手机。10岁的女孩们的生活轻松有趣：和朋友相约去游泳；分享从少女杂志上剪下来的图片，例如，自己喜欢的男生偶像团体或超级模特；不自觉地享受身为某个团体的一员的感受，如参加自行车队或当地的管弦乐团。长大成人，以及有朝一日也与她们所见的年龄较大的女孩们有着相同的兴趣、从事相同的活动等，还远不在她们的考虑范围内。她们的这些想法和念头对她们来说都还很遥远。为了呼吁民众重视臭氧层空洞的议题，而参加当地慈善团体所举办的募款活

[1] 英国儿童5岁便进入小学就读，5—6岁就读小学的一、二年级（幼儿部），7—10岁就读小学的三到六年级（初级部），11岁时便会进入中等学校就读，包括一般免试升学的中学，有一成的儿童会就读其他专科中学，因此会有换学校就读的情况。——译者注

[2] 一种能播放音乐文件的播放器。——译者注

动，还是比较有趣的。担忧生活费是否够用，或处理爷爷健忘等日常生活琐事，就留给大人们去烦恼吧！

接下来的内容会深入探讨这个年龄段的儿童的世界。他们即将与以家庭生活为重心的早期经验告别，迈向一种更独立的自我认知的状态，而且要面对比以往更多元且严峻的挑战。试着了解这个年龄段的儿童的观点，可以想象他们在生命的这个时刻所拥有的担忧与烦恼，以及喜悦与快乐。借此，当有任何困难发生时，我们便有足够的参考信息来提供必要的协助。

就如同其他年龄阶段，孩子在发展上总会有许许多多、各种各样的状况。即使生理年龄相同，每一个孩子的发展进程也不尽相同。但是，可能改变观点、情绪出现极大变化以及生理与心理渐趋成熟，都是这个阶段的孩子的共同特征。最常见的状况是，若是造访学校里以10岁儿童组成的班级，你会看到一群孩子当中，有些孩子个头娇小瘦弱，像七八岁的小朋友；有些孩子高大许多，几乎是青少年了；有些孩子由身体上的变化就可看出已经进入青春期了；有些孩子身材高高瘦瘦，在班上却喜欢插科打诨和搞笑。有时候，很难相信这些都是同一个年龄的孩子。

虽然现在这个阶段还不算是青少年，但这个时期的孩子渴望得到更大的团体的认同，这是他们最为明显的特征。他们很愿意成为某个团体的创始会员；同时，他们也在努力搞清楚自己逐渐增强的自我认同，以及最终的自我独立。

第一章

孩子要到家以外的世界展翅高飞了

10—11岁的孩子拥有自我意识，也具备抽象和道德上的判断能力，开始发展对世界的看法，探索自己在天地之间的位置，他们会寻求更多的来自朋友、同伴以及祖父母和其他亲戚的认同。

家长在惊讶地意识到孩子在逐渐独立，甚至因此觉得有点受伤之余，要记得提醒自己，孩子终究是要与我们分离的。

多和孩子分享看法和意见会让孩子觉得高兴和自在，并让亲子之间建立起新的互动模式。

在现今的社会，孩子对于不同的家庭组合形态有较多的理解。在学校里，他们会遇到一些同学只有一位家长，或有爸爸妈妈，或有同性双亲。若是没有父亲和母亲或一两个兄弟姐妹，孩子也不会觉得自己和其他人有所不同。如果一家人里有各个年龄段的人，反而会让他们有一种一家人同心同德、平平凡凡的感受。10—11岁的孩子会在学校或社交场合中遇见家庭构成迥异的朋友。有些孩子一直都与自己亲生父母生活在一起，有些孩子只是保有曾与亲生父母生活的记忆，而现在境遇已不同以往。家人和家庭生活对儿童的影响相当深远，对于这个年龄的孩子自然也不例外。这种影响到底是怎样的，家庭能为孩子提供多少支持，在很大程度上取决于他们之前的人生经验及原来对世界的看法。

因为儿童最终会熟悉各种家庭排行，因此在假设他们如何看待家庭的安全感与复原力时，我们必须谨慎以待。有些孩子天生对自我有所认知，知道自己在天地之间所在的位置，这有助于他们应对各种家庭和生活变故。有些孩子即使面对家庭生活中稀松平常的改变，也会感到困惑和怀疑。更让人困惑的是，当10—11岁的孩子觉得孤立无援或焦虑时，并不见得会像年幼时一样流露出自己的感受，因为在这个年龄，他们不得不发展出了处理各种情绪的方式，好立足于家庭之外的社群中。我们很少看到一个

10岁的孩子会以直接抱着父母不放的方式来表达对于和父母分离的担忧，或是直接说出自己缺乏安全感，或通过激烈的顶撞来表达。

贴心小叮咛

在10—11岁这个年龄，孩子们不得不发展出处理各种情绪的方式，好立足于家庭之外的社群中。他们很少会直接利用肢体行为或通过顶撞来表达自己缺乏安全感。

父母矛盾的心情

无须怀疑，在孩子年幼时，最特别的关系应当是亲子关系，即使父母并不是孩子的主要照顾者。在生命初期的几个月中，婴儿完全仰赖母亲来维持生命，就如同我们所观察到的，婴儿与母亲之间的关系原本就相当紧密，无论日后二者之间是否会继续保持这样的亲密。在之后的发展过程当中，母亲与孩子会经历分离的过程，以为个体最终的独立做准备。最明确的佐证是我们会有意识地协助孩子发展技术性行为与社交沟通能力，让他们学习如何面对这个世界，却较少传递我们对于世界的态度、期望和喜好，这些因素也会影响孩子的生理、智力与心理。

父母不单要鼓励孩子觉察自己的智慧和能力，也要继续给予孩子安全感和情绪上的支持，直到他们真的准备好可以自己面对世界为止，这两者之间需要达到一种巧妙的平衡。这个发展过程在一定程度上会受到父亲或母亲本身的早期经验、父母的性格以及伴侣关系影响。事实上，在这个过程中，要完成的情绪支持任务是相当具有挑战性的，往往会引发成人最不希望感觉到的愤怒或丧失等的令人不安的感受。

当孩子第一次到游乐场玩，第一次上幼儿园或上学时，家长们会发现自己被各种令人分心的感觉弄得吃惊不已。很多妈妈表示在快要休完产假的时候，自己会等不及想要赶快回到工作岗位上；或是当孩子开始上学时，她们也只会在第一天感到非常失落而无心工作。在孩子长到10—11岁时，父母会面临相同但较轻微的困境和冲突，因为这个年龄的孩子更多地开始寻求朋友或同伴的认同了，和家长或照顾者之间的关系发生了微妙的变化。这个时期的孩子的生理发展速度有很大的个体差异，因此也让情况变得较为复杂了。一个10岁的女孩可能已经到了青春期初期，因而看起来比实际的年龄更成熟。但在情感上，她仍会通过在家里玩喜欢的游戏，而持续保有家庭所给予的亲密感与安全感。我们不难想象这个孩子已经可以单独和朋友出游了，或是对自己负责，分担家中的担忧，但实际上她还没真正准备好面对伴随大人的生活而来的复杂情绪。

米兰达10岁了，明年就要小学毕业了。当班上其他女孩开始对化妆品和流行服饰感兴趣时，她却觉得很不自在。有些女同学会傻笑作一团并兴奋地讨论班上的男生或附近中学的男孩，偶尔还会因为米兰达宁愿看书或参与当地野生动物观察俱乐部而不想参与讨论这类话题而取笑戏弄她。米兰达身材高挑，有一双大长腿和漂亮的橄榄色肤色，完全是少女该有的样子。她那棕色的大眼睛和苗条的身材羡煞了班上其他的女同学，她们都很羡慕米兰达。米兰达对这一切感到既困惑又不知所措，这让她越来越下定决心要在家里获得父母的注意，坚持让父母在晚上陪自己玩桌上游戏，或是看迪士尼的电影。

刚开始，母亲很开心能和米兰达保持亲密的关系，但过了些日子，她注意到了女儿的执拗，一起玩游戏的活动逐渐变成了忙碌生活中的负担，毕竟还有很多家务要做。这让母亲很困惑，米兰达很成熟，也很有责任感，常常帮忙做家务，看起来是这么一个温和又容易相处的小女孩。母亲回想起自己在刚要升入中学的过渡时期里，相当担忧进入青春期的压力，对于身体上的变化感到害怕。此时，她了解到了米兰达为什么会对家庭生活如此感兴趣，而玩玩具的行为可能也与她担忧未来有关。对于眼前难以避免的心理与身体上的改变，米兰达似乎还不想面对。

米兰达愿意向母亲吐露心事。妈妈便抓住机会和她谈了谈这些事情，并让她既有时间继续玩小时候喜欢的游戏，又能和她聊聊她所认识的大女生们感兴趣的服饰和活动。虽然要保持耐心并不容易，但母亲也知道，唯有耐心才能让女儿有安全感，且让她了解到其实她并不需要急着进入青少年期，也不用退回到年幼的状态里。同时，妈妈可以通过陪她一起看电影或聊聊妈妈自己在中

贴心小叮咛

这个年龄的女孩对于自己生理和心理的变化感到担忧且不知所措。此时，母亲是最好的陪伴者。母亲的理解和亲身经验可以给予孩子支持与安全感，并解答孩子难以启齿的疑问。

学的情况，以给米兰达提供一个安全之所，让她继续探索这个世界。这样一来，在面对同伴们的批评时，米兰达就比较能够保有自信了。

这个案例显示了与母亲或照顾者的亲密关系是多么重要，即使其重要程度并没有像孩子年幼时那么明显与迫切。许多10—11岁的孩子觉得自己能够与家人之外的朋友相处，且相当渴望有多一点的时间与朋友相处，或是参与一些活动，以暂时逃离爸妈的视线范围。对此，父母也觉得高兴，这样一来，他们也能给自己的爱好和朋友留一点空间了。有时候，看着10岁的孩子逐渐独立，家长会有点惊讶甚至觉得有点受伤，就如同所有的成长阶段一样，这样的感受常发生在突然间发现了孩子的成长和改变时。

家长可能已经习惯了与孩子共度周末时光，并在他们玩电脑游戏、替娃娃换衣服、整理所收集的游戏卡片或拼复杂的宇宙飞船模型时陪在一旁。对很多家庭来说，参与其中的成员都很享受这样的宝贵时光。但在突然之间，孩子不再需要我们陪他们去公园玩了，他们不再最想和爸爸妈妈共度时光了，也不再与父母分享生活当中的喜悦和痛苦了。对于享受孩子的陪伴的家长们来说，的确需要花一点时间来适应。若家长和照顾者对这样的发展感到惊讶，就非常容易忽略孩子对于关爱与支持的需要。当然，大人们需要仔细评估现实状况、孩子的个性和自身的能力，以提供孩子需要的支持与陪伴。就如同先前提到的，照顾者对此的反应通常会受到自己小时候的生活经历的影响。

文化上的差异也是需要考虑的一个因素。大多数在这个年龄的孩子的成长经验和父母有很明显的不同。当一个家庭离开原有的文化环境，从一个国家移民到另外一个国家，并试着适应新环境时，差异就更加明显了。父母可能是在一个非常不一样的文化中很辛苦地长大的。但在西方文化当中，大家普遍认为童年期就该是天真无邪和受保护的，不该被歧视，不该承受任何压力。

其他文化可能有不同的观念，很多家庭常常会陷入两难——既想要孩子拥有新环境所提供的安全感，又担心这会给成长中的孩子带来道德的冲击。这是一个复杂的议题，无法在此详细地加以讨论。不过，当10—11岁的孩子坚持要拥有某种程度的独立自主时，家长们自然会产生复杂的感受。大人们能够给孩子提供多少协助，取决于大人自己对这个新环境的适应状况。若是因为远离家园，而觉得没有任何的亲戚朋友在身边给予支持，可能也会觉得让孩子去接触更宽广的世界其实是没有什么好处的。但毋庸置疑，若是可以帮助孩子尝试与其他大人或学校同学及其家人多多相处，的确是可以让儿童培养出信心，不只是在学校，甚至在未来的工作场合及更广阔的生活圈当中，都能拥有归属感，并能与人建立亲密的关系。

心目中的好妈妈

母亲在这个年龄的孩子的想象里扮演着什么样的角色呢？通常，儿童对妈妈的感情和认知比以往更为复杂，此外家庭环境也会影响他们对妈妈的看法。即使是在最不利的情况下，当母亲因为健康问题或某种不幸而不能亲自照顾孩子时，也有许多证据表明，孩子不但可以强烈地感受到母亲这个角色的存在，同时也对她有着强烈的依恋。所谓的依恋，指的是一种纽带和联系，不一定是正向温暖的。这样的纽带可以由复杂的混合情感组成，有时甚至包含极度愤怒及苦涩的情绪。

最明显的是青春期前的儿童与母亲之间的深刻联系。孩子会开始在相关的条件和特质上将自己的妈妈和别人的妈妈做比较。他们不见得能意识到这样的比较行为，只是借助心目中的母亲形象来形成有关自己的身份认同的看法。若一个男孩觉得妈妈是亲切和蔼、宽容且容易相处的，那么这些特质会影响孩子当下对自己的看法，也会塑造他未来长大成人之后的身份认同。这样的经验可能让人感觉自己是受人喜欢的、令人印象深刻的且有影响力的；或者正相反，让人变成一个无法拒绝他人和设下底线的人。

无论是哪一种方式，在这个年龄的孩子的心里，都有一个母亲形象，而这个形象是另一个母亲或其他家庭成员不可取代的。这个母亲不见得是孩子重要的依恋对象，她身上可能混合着孩子想要与妈妈待在一起或做她所选择的伴侣的令人困惑的梦，而不管在现实生活中母亲是否已经有了父亲或其他的伴侣。这样的情况同样也会发生在女孩身上。有时，这些可能伴随着孩子生活当中的其他担忧与压力。相反地，母亲有时会以一种奇特的混合体的姿态存在，在被需要与被爱的同时，被认为是一个不为自己而活、没有自己的观点的母亲。在现实生活中，母亲有时也会有与此相矛盾的反应，比如闷闷不乐或不耐烦的反应。在10岁孩子的眼里，母亲的形象通常都是可以长久依赖的，但有时她又太在意规矩和卫生了！

整体来说，这个年龄的孩子对于现实世界有更多的理解，知道母亲就在身边的不远处对他们是有帮助的，虽然孩子可能并不太清楚自己其实有这样的需要。这种现象在伊妮德·布莱顿（Enid Blyton）所

贴心小叮咛

每个孩子的心中都有一个属于自己的母亲形象，这个形象会影响他长大成人之后的人格特质。如果母亲的形象是亲切和蔼、容易相处的，孩子长大后也容易变成这样的人，但有时也会承袭这个特质的缺点，就是比较无法拒绝他人。

著的童书当中有清楚的描述。例如，在《鼎鼎大名五伙伴》（***The Famous Five***）冒险系列中的男女主人公们尝试了许多大胆的冒险活动，还用知识和机智击退了许多不同样貌的坏人。然而在每个故事当中，他们的行动都会被母亲的出现打断，这个妈妈的角色总是在背后忙着处理许多的家务事，却提供了最重要的资源，例如，在主人公前去探险时，给他们带上三明治或露营帐篷。在现今的社会中，母亲比伊妮德·布莱顿书中的角色更忙碌，生活也更多姿多彩。但对一个10—11岁的孩子而言，母亲的形象是屹立不倒的：当孩子忙于幻想刺激的英勇事迹时，她则投入在某些无趣的大人的活动中，而不会去招惹麻烦。

心目中的好爸爸

父亲在10—11岁的孩子的生命当中是非常重要的，对于这个事实，不只是父亲，家长或照顾者可能都有复杂的感受。妈妈在孩子生命初期的几周里扮演着攸关生命续存的角色，而在孩子早期的情感发展中，爸爸也有重大的影响，无论他们是否真实地出现在孩子的生命当中。在现今的世界当中，女性承担着越来越多的责任，和更多工作上的角色——这曾是男性的专利，可以感觉到父母角色的互换。我们可以观察到现今的父母会以越来越多的方式来分担照顾孩子的工作。可以从“共同分担孩子的教养责任”中获得帮助的双亲能够树立与配偶合作和适应两性关系的榜样，供孩子们在未来处理相关关系时借鉴。

即使是同性的家长也可以给孩子提供相同的学习机会，分工合作的典范其实跟性别没太大的关系。家长们对于教养的分工方式有许多种解释，有时会导致父母们不确定哪些工作应该分配给某一性别的家长，哪些需要由另一种性别的家长来完成。结果，有越来越多的人好奇父亲到底要如何给孩子的人生带来积极而显著的贡献。不幸的是，忽视积极的男性特质似乎已成为近年来普遍的趋势。

这个年龄的男孩和女孩早已对自己和家庭的关系建立起了清楚的概念。无论孩子们是否与父亲有联系，他们都对自己的身世以及来自怎样的家庭有清楚的看法。

这在从来都没见过亲生父母或不知道自己的身世的孩子身上尤其明显。有时，这也有助于孩子塑造自己想要的特质，如擅长运动、勇敢、身材高大强壮，就像想象中的父母一样。有时候，要是缺少一个能够被视为父亲的人物，也会引发孩子怀疑和担忧的情绪。这时，如果有人可以让孩子询问相关的问题，或和他一起讨论，通常可以消弭这样的感受。有的时候，父亲的缺席可能一点也不重要，因为孩子可以找到其他的男性仿效学习，或可帮助孩子了解一位父亲该有的样子。

艾登是独生子，妈妈17岁的时候就怀了他。艾登的爸爸无法承受这么年轻就养育下一代的压力，于是这对小情侣很快便渐行渐远。幸运的是，艾登妈妈的原生家庭相当支持她，并决定帮助她，为孩子提供一切所需。所以，艾登和妈妈住在一起，不过他的生活起居大多是由外祖父母照顾的，舅舅和姨妈也会帮忙，他们是艾登妈妈的弟弟和妹妹，所以一家人都还住在一起。家里从来不会主动提起艾登的父亲，而他跟父系家庭接触得也不多。艾登在一个快乐且安全的环境中长大，虽然他已经是一个大男孩了，但还乐于当家中的"小宝宝"。外祖父细心照顾着艾登，时常开着小货车，带着艾登，把蔬果送给客户；外祖父总在这个时候鼓励艾登，让他在心理上和与他人的社交互动上建立自信。艾登很喜欢和外祖父之间的关系，觉得有一个友善且可靠的大人鼓励着他，让他知道自己也可以有出人头地的一天。艾登对外祖父所展现的男性特质心怀感激。

等艾登长大了，想要多花点时间和朋友相处时，他发现自己很难选择是和外祖父待在一起，还是和朋友们去踢足球。这时候，外祖父反而鼓励他多花点时间在新学的运动上，并保证他每周都会去看艾登训练。可以看出，外祖父成了一个完美父亲的替代品，尤其是他的年龄还算年轻，符合一个身强体健的形象，可以参与艾登的足球和板球活动。直到艾登再长大一点，快成年的时候，他才开始对亲生父亲感到好奇。由于艾登和外祖父之间有深厚持久的情感，当艾登想要与父亲联系时，外祖父和母亲都可以和他讨论；当艾登对父亲感到好奇，想要了解自己的身世而暂时忽略了外祖父时，他也不会觉得惊讶或不满。

10—11岁的男孩们在体型和发展阶段上有着很大的差异，这时他们会开始从较为实际的角度来面对自己的男子气概。年幼的男孩对于男子气概持有一种较为刻板的印象，如力大无比、超乎常人的勇敢与耐力、面对困难或灾难而毫不畏惧。以前的男孩们会深深地着迷于漫画或冒险故事，现在则会在电子游戏、电视节目或体育明星中找到类似的英雄角色。10岁的时候，孩子因为对真实世界的了解有所增加，而更加意识到了日常生活事务的复杂性与不确定性。刚开始，他们所发现的可能是父亲和其他男性在现实生活中所需面对的挑战。这样的领悟会引发复杂的情绪。孩子将父亲视为英雄，无论这样的想法与家长的个性或文化是否有关。一个10岁的男孩或女孩会觉得需要相信超级爸爸的理想形象，这个人物会确保好人胜利，且可以仰赖他来保护自己的安危。同时，孩子们也会渐渐通过个人经验、电视和电影来了解大人的现实世界，并慢慢发展自己的现实感。当孩子发现父亲其实并不可靠时，他们可能会有点挣扎，并试着否认。

贴心小叮咛

这个阶段的孩子会将父亲视为英雄人物，一旦这个形象幻灭，他们便会陷入一种挣扎或否认事实的情绪当中，而变得有点自艾自怜、愤世嫉俗。此时，需要有人理解他们，彼此敞开心扉地谈一谈心里话，或寻求另一个值得仿效的父亲榜样。

在对家长有某种关键性的了解时，有些孩

子反而开始担忧起来。但绝大部分孩子会借此机会观察并学习父亲是如何解决现实生活中的难题的，并会从中获得支持与自信。

有些男孩希望可以成为家中大人的小帮手，参与类似大人的活动，尤其是当我们看到孩子开始有某些轻微的偏差行为时。最初，他们的行为可能出于更多地了解了家里的困境，例如，因失业而收入减少，且担心自己无能为力。这个年龄的男孩可能因此感到相当生气挫败，因为自己在体能和心理上都不够成熟，不能为家中的困境提供任何重要的帮助。

妈妈失业的时候，里斯决定找个办法来帮助妈妈和继父。他知道，若是妈妈没有收入，家里的生活就会出问题。他感到生气并怨恨继父，因为他无法解决这样的困境。接着，里斯开始对任何生活顺遂的其他人感到生气和愤恨，这让他不愿意跟其他人交谈，心中的怒气不停高涨。有一天，里斯在学校外马路边的停车计时器中意外地发现了一枚外国硬币卡在投币口，他好奇地把钱币投进计时器里，心想或许可以找一个方式骗过计时器，帮妈妈省一点钱。不幸的是，这枚外国硬币掉进机器里，卡住了，计时器也因此坏掉了。里斯觉得很失望，不过又感到了一丝兴奋，因为这个坏掉的计时器会让许多隔天来学校的家长觉得麻烦和不便。

有段时间，里斯很享受这件事情带来的兴奋感，他觉得自己拥有了某种力量，与每天在家里感受到的渺小和毫无用处完全相反。由于平日缺乏继父的理解和支持，里斯通过这一无伤大雅的恶作剧行为发泄了怒气和不平。很幸运，里斯的继父有一个表弟，年轻时就像里斯一样，常常有恶作剧行为。有好几次，里斯的继父都不得不去警察局领他出来。当里斯被老师抓到他破坏停车计时器并打电话到家里时，里斯的继父非常能够谅解，他和里斯的妈妈决定和里斯聊聊，找出到底是什么事情让里斯困扰到需要去做这些事。经过讨论，里斯了解了家人是多么爱他，就算他的年龄还很小，无法赚钱，妈妈和继父仍然是珍惜他的。让里斯很讶异的是，他开始觉得自己较为冷静了，且对未来的生活也充满了希望。

祖父母，我爱你们，但我也想和朋友在一起

孩子到了10岁或11岁的时候，早该和其他的亲戚建立起长久的关系了。这会让父母和孩子有一个由成人组成的支持网络可以倚赖。祖父母对这个年龄的孙辈是很有影响力的，也相当有帮助，且跟孩子的主要照顾者扮演的角色有所不同。

现在，很多家庭和亲戚住得并不近，而大多数祖父母或其他亲戚和孩子之间也不是很亲，因此没有可能定期探视造访。但是，这些关系仍会对孩子的想法及期望起到某种程度的作用。

哈桑和妈妈劳拉住在大城市里的一间小公寓中。妈妈在哈桑3岁时离开了当时的伴侣，远走他乡。要在这个大城市里落脚，她必须工作很长时间，才能赚到足够的钱来支付两人的生活开

销。劳拉的家人与哈桑的父亲都还住在乡下，对于她决定离开家乡，搬到火车车程2小时以外的大城市相当讶异和受伤。对劳拉而言，这次搬家是展开新生活并告别以往的重要开始，但这样做就会抛下与父母的亲密关系。

劳拉很快就在大城市中找到了一份稳定的工作，而且很享受随之而来的独立感。很幸运，她替哈桑找到了一间很好的保育中心。等哈桑大一点在城里上学时，学校也为双亲都需要工作的家庭提供了很完善的课后照顾服务。哈桑在这个忙碌而充满活力的环境下茁壮成长，和其他儿童也相处愉快，接受着课后辅导班里亲切和蔼的老师和大人们的教导。他也喜欢给外祖父母打电话，有了电脑之后，哈桑还会寄电子邮件给他们。表面上，所有的事情都很顺利，而且劳拉的父母也为了女儿的生活方式做了一些调整，不过即使如此，他们还是担心劳拉和哈桑在大城市里的安全。劳拉和父母有时会对哈桑持不同的看法，她觉得父母对自己教养哈桑的方式很有意见。事实上，那是身为父母和祖父母最自然的反应，他们非常想要给外孙和女儿提供曾有的生活，所以他们会在放假的时候邀请哈桑回乡下小住，希望能够有所补偿。

小时候，到外祖父母家住的时候，哈桑很喜欢到树林里散步和捡松果，或在小溪里试着筑起一座小水坝，或在附近爬树。他们用有别于哈桑妈妈的方式宠爱着哈桑，会带他去动物园玩，或让他跟外祖父一起玩电子游戏，直到很晚才上床睡觉。但当哈桑大了一点的时候，放假时他也要参与较多的活动，需要待在城里的家中。虽然还不到青春期，但他的兴趣已经渐渐转移。外祖母打电话来时，哈桑不见得会在家里；外祖母对于足球比赛和学校郊游的热切关心开始让哈桑觉得很不耐烦。他常觉得自己卡在中间。他曾经非常喜欢外祖父母，记得那些在外祖父母家中和他们一起玩的活动，也喜欢那些树木以及乡下房子里宽敞的空间。10岁的哈桑正在积极地思考着成长带来的挑战，并渴望去冒险——无论是在现实中还是在想象中——这些可以帮他测试自己独立处事的能力。哈桑会和朋友讨论一起去旅行的事，即使他觉得家里应该不会同意；而他对于热心的亲人老是要提醒自己对他们的依恋和依赖也相当不舒服。

这种两难的局面常常发生在孩子身上，但他们不见得会意识到；而当孩子越来越活跃于和同伴之间共同的兴趣或社交互动时，他们在面对亲人时反而变得更沉默害羞了。通过朋友的协助，哈桑的外祖父母发现了外孙的改变，因此不再对他在电话里的冷淡态度感到疑惑了，也不会因造访次数的减少而产生被排挤的感觉了。暑假来临时，他们邀请哈桑和他的朋友一

贴心小叮咛

10—11岁的孩子经常处在一种两难的状态下，一方面不想让爱他的人伤心，一方面又很想跟朋友在一起。有智慧的大人应该协助孩子解决这个问题，而不是一味地指责或抱怨孩子。

起来乡下玩，并安排孩子们参加当地团体举办的由专业工作人员带领的露营活动。哈桑可以重温以往拥有外祖父母的注意所带来的快乐了，也不需要因为努力想要和朋友建立新的生活而把他们排除在外。若是没有祖辈和其他年长亲戚的理解，这个年龄的孩子会觉得难以取舍，既不想要伤害心爱的长辈们，又想要更独立。对11岁的孩子来说，他们很难想象祖父母也曾经是小孩子。年龄比较小的孩子们比较能够想象人们会专注于相同的兴趣和关注点。但到了10岁时，孩子便有了历史感。他们现在可以回想起过去自己还是小婴儿的时候，并感觉到了自己一路以来的成长和进步，但他们常怀疑大人们是否能够了解或发现自己已经走了这么长的一段路了。

有时候，家庭生活可能会给大人和孩子带来巨大压力，尤其是当生活发生变故的时候，例如，家里有人生病或失业。此外，当10岁的孩子对于真实生活里的复杂性有了进一步认识时，依稀微妙的变化也会逐渐发酵。这个年龄的孩子不再像8岁的时候了，他们可以用一种更能理解错综复杂的事物的态度来面对生活中常见的困境。他们不再试图想象一个安全可控的世界，或是另一个以自己或朋友们的规则来管理的王国，而是会试着运用经验法则。若一切发展顺利，他们便可以开始阅读较为复杂的书籍，或是遵守大人、老师和电视主持人等给予的指示，累积相关的经验以发展自己的想法。然而，他们仍喜欢经典的或现代的有关冒险、英雄与恶魔的书籍、电视节目或电影，而对于《星球大战》

（*Star War*）、《吸血鬼猎人巴菲》（*Buffy the Vampire Slayer*）和《魔戒》（*Lord of the Rings*），每个孩子的喜好也会有些不同。对11岁的孩子来说，当清楚地知晓那些冒险活动都是虚构的，父母或其他照顾者仍可以处理好日常生活事务时，他们也明白了情感困境以及现实生活的复杂性是可以预计的。

隔代教养一定不好吗？

虽然还不到青少年期，但11岁的孩子可能开始对离家的生活产生了兴趣，这样的现象既可能是令人兴奋的，也可能是让人担心的，取决于家里的环境。在一个家庭承受着许多压力之际，如物质上的短缺或家人患有严重的疾病，孩子心中的担忧相比之下会变得毫不起眼，也很不容易被察觉。以下是艾恩的故事。

艾恩是家中排行中间的孩子，跟爸妈住在一个小镇上，爸妈平常的工作相当繁忙且辛苦。生活虽不容易，但他们家还算稳定，妈妈在孩子们放学后都会回家照顾艾恩和他哥哥以及还是婴儿的妹妹。艾恩和同住在一条街上的孩子们一起长大，亲朋好友关系密切，他觉得相当幸运。葛瑞是艾恩7岁时加入男童子军认识的朋友。艾恩常常去葛瑞家玩，或是待在住在附近的祖母家。

不幸的是，艾恩的妈妈因为慢性病缠身，必须请一段很长的病假。家中毫无征兆地平添了许多压力，所有人都担心妈妈的健康状态，因为妈妈没有办法上班，收入也随着请假时间的延长而逐渐减少。终于，医生宣布妈妈的病得到了控制，且恢复良好，很快就可以回到工作岗位上了。在艾恩妈妈生病的这段时间，亲朋好友纷纷伸出了援手，帮助艾恩的爸爸处理家务和照顾三个孩子。祖母也帮了很大的忙，会在爸爸下班前来照顾孙子们。在这段时间里，艾恩为拥有葛瑞这个朋友而感到欣慰，两人可以结伴去公园玩或骑自行车。他和葛瑞会玩想象游戏，一玩就是好几小时，玩到忘记回家吃点心，甚至忘记告诉父亲自己要去哪里。艾恩的爸爸对此相当困扰，觉得这是一个额外的压力，忍不住责备艾恩不但没有帮助家里，还让他的日子更难过了。

若是在大致状况较好的情况下，父亲也可以理解艾恩还只是一个小男生，担心着妈妈的身体不知何时才能有所好转。因为爸爸将全部心思都放在妈妈的健康问题上了，所以艾恩也无法和他谈心，而且他知道父亲有许多的事情需要烦恼。爸爸则不明白艾恩为什么不试着努力一点，像哥哥戴维一样。戴维会帮忙清理地板或是跑腿买东西。除了睡觉时间，艾恩几乎一整天都不在家里，所以也无法和他聊聊。因此，在妈妈的身体开始恢复之际，所有人都大大地松了一口气，接着却惊讶地发现艾恩变得相当烦躁易怒，而且不喜欢待在家里。他不愿意像其他人一样洗澡刷牙，对食物抱怨连连，并开始挑剔父母替他准备的一日三餐。但另一方面，学校的老师并没有发现任何异常，艾恩仍是那个聪明、认真且喜欢学校的学生。然而，艾恩与父母的冲突越来越多，爸妈怀疑艾恩是不是已经进入难以沟通的青少年期了。最后，祖母建议让艾恩来跟自己住一阵子。

尽管祖母年龄大了，身体又很虚弱，但她还蛮喜欢做菜的，也一直在替左右邻居做些针线活。祖母有很多的时间，艾恩也喜欢这种步调较为缓慢且不带批判的互动方式。祖母正好可以作为艾恩和父母之间的调解人。通过这样的方式，艾恩得以暂时逃离家中的紧张气氛，因为祖母不但有时间关注他，而且和艾恩隔了一代，让她可以采用开放的态度倾听艾恩的想法。艾恩的父母也可以从无尽的争执当中得到喘息，而对艾恩愿意和祖母倾吐心事，他们真心感到高兴。

贴心小叮咛

当父母不能够理解孩子时，就容易产生冲突争执；如果有合适的第三人，譬如祖父母，来调解缓和亲子之间紧绷的关系也不错。

善用亲朋好友

当然，对于亲戚所提供的协助，父母们不一定都会感到欣慰或感激，尤其是当孩子们比较喜欢和其他大人相处，不再渴望爸妈的关注并要他们花时间陪伴的时候，家长们也会产生复杂的感受。如果女儿与好友的妈妈反而较为亲密，或是突然间相当热衷于和姨妈一起去游泳，父母会相当嫉妒，尤其是当女儿一直都表现出不太喜欢父母参与自己的活动时。这些都是孩子从家庭向外扩展的征兆，对青少年来说，这是一个相当重要的转变。很多10—11岁的孩子会想要用这样的方式来尝试体验不同的关系，并确认自己的家庭其实不比其他家庭差，不过这样的形式的确比较让人不安。

莎拉的朋友艾丽西亚喜欢在下课后到莎拉家看电视。莎拉的妈妈会大方地请她吃巧克力饼干。看到莎拉的妈妈很欢迎自己，这让艾丽西亚对莎拉舒服的家和生活方式产生了好奇，她很喜欢那里。莎拉的妈妈知道艾丽西亚和父亲及哥哥住在一起，母亲不在身边。妈妈觉得这对莎拉来说也是件好事，让她知道并不是每个人的生活都像她这般理所当然地如意。艾丽西亚跟莎拉的家人都很亲近，尤其是跟莎拉的母亲。有时，她会留下来和他们全家人一起吃晚饭，艾丽西亚的爸爸对孩子能够得到安全的照顾也十分感激。

然而，对莎拉来说，以及又过了一阵子，对艾丽西亚的父亲来说，这些感受开始变得有点复杂。莎拉的母亲很难理解为什么当艾丽西亚在家里出现的时候，莎拉会觉得透不过气。当莎拉试着和妈妈讨论问题时，艾丽西亚会用嘲讽的语气说，莎拉就是好命，因而无法体谅自己的情况。同样地，艾丽西亚的父亲开始觉得自己可能会失去女儿，她会加入莎拉的家庭且一去不回，因为艾丽西亚待在莎拉家的时间很长，他好奇莎拉的妈妈到底是一个什么样的女人，她是不是会鼓励艾丽西亚抛弃自己的父亲和哥哥。这两位家长花了很长的时间进行沟通，以解决这种复杂的情绪。终于，艾丽西亚、莎拉和大人们了解到，与其他家庭保持亲近的关系对艾丽西亚是有帮助的，同时，大人们也必须注意到其他人的感受。

孩子们对于亲戚的态度来自父母的看法。我们早期与父母、祖父母和亲戚相处的日子会影响我们对孩子们与他们的亲戚建立关系的态度。如果曾经和亲戚有摩擦，或和兄弟姐妹有争执，他们的加入可能就不会受到欢迎。这些看法必然影响孩子对这些人的想法，将这一点谨记在心会有帮助。到了10—11岁这个年龄，无论是否有兄弟姐妹，孩子们都会享受与表亲们的关系，并在其中寻找安全感。跟亲兄弟姐妹比起来，有点距离的堂/表兄弟姐妹可以让害羞、安静的孩子跟着他们在游戏和互动中一起探索，同时仍能保有某种程度的家庭和谐与忠诚，这些都是在学校中找不到的。较有自信的孩子会利用与表亲的互动来锻炼自己的情绪张力，也就是在同龄人中，安全地探索自我，测试自己的优点和缺点。就跟亲兄弟姐妹一样，背叛和妒忌在这样

贴心小叮咛

不要把孩子关在家里，有机会就带他多到朋友亲戚家走动，一来可以增进彼此间的感情互动，二来能让孩子学习必要的社交礼仪，对孩子建构自己的社交圈会有相当大的帮助。

的关系当中也会出现。但是，对很多孩子来说，这样的情绪最终是可以调适的，因为他们知道自己和表亲来自不同的家庭，有着不一样的身份。

如果大人之间的关系很紧张或有芥蒂，那么孩子们也难以自在地互动，这不只是相处方式愉快与否的问题。一段建设性的关系可以让我们自在地表达，无论是快乐还是认同，是难过还是气愤。在10—11岁时，孩子们形成了与他人建立关系的方式，这会长远地影响他们一辈子的社交互动模式。

到了11岁时，孩子不仅拥有自我意识，也有能力进行更抽象的道德判断了，并能发展出对于世界的看法；记住这一点对于身为大人的我们是相当有帮助的，也是在提醒我们，孩子终究要与我们分离，倘若可以和他们分享自己的看法和意见，他们会觉得高兴和自在。孩子可能会跟亲戚建立起与父母完全不同的互动模式或关系，即使我们无法容忍其他兄弟姐妹的看法或生活习惯，但他们仍是孩子挚爱的叔叔姑姑或舅舅姨妈。因此，鼓励10—11岁的孩子与家族里的其他成员保持互动，能够让他们在大家庭中获得自信，并将这份自信延续到之后的社会生活当中。

第二章

家里发生了什么事：丧亲、分离与搬迁

孩子在成长过程中可能经历家庭结构的变化，包括丧亲、父母离婚或分居及部分家庭成员移民等。这些都会在生命中造成重大而深远的影响，大人与孩子都需要调适负面和不安的情绪。

一旦家长决定分开，要及时让孩子知道接下来的安排以及未来的计划，不要因为害怕影响孩子的安全感而拖着不予告知，这样孩子会自行解读，觉得爸妈并没有考虑到自己，也不在意自己受伤及愤怒的感受。

大人和孩子要如何适应家中的变化

在成长过程中经历家庭成员的重新组合，对孩子来说并不陌生，现在分居和离婚的情况已经相当普遍了。本章将探讨孩子面对丧亲、移民、家庭破碎或罹患疾病等家庭巨变的反应。在任何家庭中，打击最大、最令人震惊的事件莫过于挚爱的亲人离开人世。研究显示，这类丧亲事件给我们带来的影响是相当深远的。不管我们对“生命有限”的概念有多熟悉，在事情发生时，我们很少真的准备好了面对这类事件最初的冲击或对孩子的影响。从越来越多的研究当中，我们得知孩子对于这类突发状况可能有许多种反应，且大多与他们的人格特质以及如何解读身边大人的反应有关。在思考丧亲带来的冲击时，我们也可以联想到其他类似的事件，例如，离婚或在令人不安的情况下背井离乡。在这类变故中，大人所关心的是如何让自身恢复镇定，或许也会因为离开熟悉的环境而紧张。

贴心小叮咛

遭逢家庭巨变时，孩子们会以他们的人格特质以及对身边大人的反应的解读进行反应。

一般人都认为家庭的破裂会给多数孩子造成负面影响，或是觉得孩子与大人相比拥有较强的复原力。这类想法是一种误导，或是将事情过度简化了，因为一个家庭的分裂或失去原本的运作方式，会让身处其中的任何人都觉得烦恼不安。以下内容可以让我们想象这个年龄的孩子会有什么样的顾虑和担忧。

第一时间的反应

在家庭破裂的时刻，无论是父母分居，还是两个成年照顾者的关系结束，都是大人们要特别留意孩子的时候。联想到结束一段关系的决定所带来的痛苦，以及相伴而来的实际的和情感的问题，以及思考如何帮助孩子应对这一变故，都是极度沉重而让人无法承受的。生命中巨大的变故不可能只给我们的生活带来短时间的困扰，即使这一切发生得毫无征兆。例如丧亲之痛，随着彻底的丧失或分离而来的失落会持续好长一段时间，大人与孩子都需要努力调适，慢慢适应这一变故给情绪造成的改变。就我们对丧亲者的了解，哀恸的过程可分为好几个阶段。在每个阶段，情绪与行为均有所不同，但最终都是在帮助我们接受丧亲的事实。夫妻分手至少会给两个人带来困扰，即使这件事情是由夫妻双方共同商量与同意的。通常，这时的感受都很强烈，包括愤怒、不信任、嫉妒、羡慕、哀恸和孤独等。显然，儿童在这样的事件当中多多少少都会经历相同的情绪感受。最需要注意的是，家长或主要照顾者是否留意到了孩子的感受。当孩子觉得脆弱或缺乏安定感时，尤其需要注意。

若一个家庭已建立了良好的沟通渠道，就可以谨慎地和孩子谈论有关父母关系破裂或某位长辈辞世的议题。但不一定要据实以告所有的细节，因为这不见得是孩子关心的部分。一个成熟的11岁的孩子可能会感到好奇，但和自己的母亲讨论她对伴侣的不满并不会带来任何益处，虽然从整体来说，这能帮助孩子尽可能了解事情的真相。

自从布兰妮的父亲到国外去工作开始，她父母的关系就有一阵子不太稳定。母亲不想因为父亲的安排而离开家乡，也不希望让布兰妮离开现在的学校，到国外展开全新的生活。因此，两人之间发生了许多争执。布兰妮眼看着父母对彼此的敌意越来越深，两人都觉得对方误解了自己。布兰妮的母亲决定与父亲分开，并觉得很孤单，她对布兰妮倾诉了自己可悲的命运和被遗弃的感受。

有好几个月，布兰妮都没有见到爸爸，但和妈妈之间越来越亲密让她稍感欣慰，她相信自己是可以照顾母亲的。妈妈对于个人的悲伤和对家庭经济的担忧已经给布兰妮带来了太多的压力，如今母亲太脆弱，布兰妮无法和她讨论功课以及对人际关系的担忧，她觉得将自己的担忧告诉母亲会增添母亲的烦恼。布兰妮对于自己有这些担心产生了负罪感，更加确定为了保护母亲，自己必须隐藏对父母分离的愤怒以及有关失去父亲的感受。最后，父亲回到了家乡，并联络了妻子和女儿，希望能够破镜重圆。父母之间的问题终于因为爸爸在家乡附近找到了工作而得以解决。

这件事的关键在于他们能够记住以往关系和睦时的感受，并克服眼前的困难。情况渐渐好转，布兰妮松了一口气，最后父母的关系也逐渐稳定。虽然布兰妮还是有点焦虑，但多半源于对青少年期的困扰。她觉得或许爸妈仍然相当脆弱，不过他们终究又在一起了。

贴心小叮咛

遭逢巨变时，最需要注意的是家长或主要照顾者是否留意到了孩子的感受。以往深厚的感情基础是渡过难关最强而有力的支持。

告知孩子关于未来的安排

一旦家长决定分开，让10—11岁的孩子清楚地知道接下来的安排以及未来的计划是很重要的。通常，要是孩子相信大人会诚实且坦率地对待自己，在适应这样的情况之前，他们是可以处理暂时带来了压力并干扰了自信的离异事件所引发的难过与受伤的感受的。由于害怕影响孩子的安全感，也害怕相关的责难，家长通常会尽可能地拖延，而不是及时告诉孩子父母离异的消息或对于未来的安排。对于孩子来说，这样做的坏处是他们会自行解读家长的行为，觉得爸妈完全没有考虑到自己，并感觉受到了伤害，愤怒不已。他们觉得自己对父母而言一点也不重要，却没想到父母就是因为太在意，才会迟迟说不出口。

父母离婚之后，有时也会组成新家庭，无论是父母分开住，还是其中一人或两人有了新伴侣。有时，这个新加入的伴侣也会组建自己的家庭，因此，在失去一个家庭又迎来新的家庭成员的过程中，孩子必然备感压力。他们会怀疑新家庭是否可以接受自己对旧家庭及失去一位家长的难过和悲伤。

然而，备感压力不见得是无法承受的。在这个年龄，孩子能看起来很冷静地接受这样的消息，不像年幼时那么容易产生强烈的、即时的反应，马上就表现出了自己的担忧。一个10岁的儿童可能会在听到消息的当下表现得冷淡无感或安静无言。当然，能够表达自己的感受可以让人在面对危机时轻松一点，然而若是太早和孩子进行讨论，或询问他们是否愿意谈谈，可能会得到事与愿违的效果。有些孩子会在与家长的关系中找到慰藉，其他的孩子则可能需要躲开这些，将心思放在其他事物上，暂时逃避真实生活中的困境。

当扎伊尔德发现爸妈有离婚的打算时，感觉相当受伤。父亲告诉他，妈妈是回家乡去探望亲戚去了，直到三四个月之后，在与母亲通过两次简短的电话后，扎伊尔德才终于明白妈妈永远不会回来了。他询问了父亲，得知父母也曾经讨论过，并决定在母亲离开之前，不让扎伊尔德知道这个消息。这让扎伊尔德更加生气和难过了。他在成长的过程中受到的教育是要把强烈的感受放在一旁，学习家中的成年男性那样的彬彬有礼、小心翼翼的举止。他不可以随便掉眼泪或大吼大叫，只能尽可能地从家中逃离，大部分时间都待在学校图书馆的计算机室里，埋首读书，压抑被遗弃的感受。扎伊尔德在期末得到了相当高的分数，并得到英文老师的赞赏，但他越来越沉默封闭，为了转移痛苦的感受而花费的力气让他筋疲力尽。

孩子们看起来似乎不会流露出对家中变故的任何感受，但就像上述案例所描述的，他们对于变化并不是毫无感觉或漠不关心的。相反，类似的事件所产生的影响可能是语言文字或有意识的方式都无法呈现的。所以可能必须对孩子反复描述未来计划的细节，或在一段时间内维持切实的、可预测的日常生活作息。过一段时间，孩子们才会让你知道他们的感受。不过，当大人自己也相当紧绷的时候，是需要十足的勇气才能够观察或倾听孩子想要传达的讯息的。

贴心小叮咛

10—11岁的儿童在听到父母离异消息的当下，可能会表现得冷淡无感或是安静无言。但这并不表示他们毫不在乎或一点感觉都没有，只是他们在当下不知道该怎么办。

保持熟悉和给予安全感

在这个过程当中，孩子觉得最难的莫过于家长的改变。对大人而言，即使是在最温和与小心的协议下离婚的，这种变故所带来的痛苦和迷惑也会带来一定程度的难过之情，并会导致他们过于关注自身的情况。离异通常会在某段情绪起伏和饱受压力之后的冷静期后发生，在这之前，会是许多的争吵或戏剧化的事件。若是丧亲，在亲人去世前，大家也会有好长一段时间奔波于医院，或因目睹挚爱双亲的健康状况每况愈下而痛苦不已。一开始，孩子可能会觉得松了一口气，但也会因父母的情绪和行为而觉得迷惑和陌生。一个10岁的孩子可能会有段时间面临双重的失落，之前已经建立的日常生活惯例和习惯不再如往昔，取而代之的可能是由新的大人主导的时代。但在面对危机的时刻，例如，母亲、父亲或主要照顾者突然销声匿迹，之前那个可以求助依赖的熟悉的人已不复存在时，家中的其他成员如果能够伸出援手，会是相当积极而有力的支持力量。然而，在面对压力或离异时，孩子仍有复杂的感受——复杂的罪恶感和疑惑，好奇自己在其中到底扮演着什么样的角色。他们尤其会觉得之前所理解的一切都消失不见了，就像马戏团里的哈哈镜一样，以往熟悉的关系与面孔看起来都不一样了。在进行调整适应的几周里，甚至几个月当中，孩子会需要一个体贴的大人的支持，这个大人需要提供一个具有连贯性的环境。祖父母、家族的朋友或老师都可以是这个人选，也会对孩子有极大的帮助。

有时，父母想让孩子在压力或悲伤中有一个喘息的机会，于是安排孩子与亲戚一同度假。即便孩子的年龄已经很大了，这种暂时离开家的突发活动也很容易给孩子带来更大的不安全感和担忧。此外，这时候也不适合搬家或拜访远方的少有来往的亲戚。有些年幼的孩子若觉得焦虑，会乱发脾气，变得很黏人，甚至失眠。这些情况同样也会发生在年龄较大的儿童身上。通常，家长会将这样的行为解读成孩子挑剔或爱搞怪。这是有可能的，因为易怒及粗野的行为都是孩子觉得无助、受挫甚至沮丧的征兆。因此，若能在这种敏感的时刻尽量保持原来的生活作息惯例和原来经常造访的场所，孩子或许能在有些困惑和陌生的气氛下，尽快恢复对生命的确定感。

贴心小叮咛

当家庭发生变故时，不要为了转移孩子的不安焦虑而进行搬家、度假或拜访远方亲友等活动，这样更不容易让孩子安下心来。请尽量保持原本的作息生活，让孩子慢慢适应，接受新的改变。

勇气带给我们力量

如同父母的离异或失去亲人的状况，其他家庭里重大的变故也会引发孩子强烈的疑惑。例如，患上慢性疾病，或是离开熟悉的地方和人，搬到千里之外的新环境中。这些变化会让所有人都心神不宁。相较于成人，经验较少的孩子们更会惶惶不安。孩子甚至会在经历某些平常的变动时（例如，换学校或祖父母来家里同住），误以为这样的变化将导致最糟糕的情况，而且这种情况会长期维持。也有的孩子可以冷静地面对这样的转变，并很快适应。很多人都认为，相较于大人来说，孩子的适应能力较好，所需的适应时间也较短。不要忘记，每一个个体都对世界拥有独特的观点和看法，对新状况的回应方式当然也有所不同。

这个年龄段的孩子可能对婚姻破裂或父母离异的消息有冷漠的回应，相较于其他类型的丧失，也不一定会清楚地展现自己的悲伤和愤怒。除了对孩子所担忧或传达出的讯息提供足够的支持和关注外，还要让他们能够从家里的这些麻烦当中暂时抽离。身为家长或主要照顾者，需要在这两者之间取得巧妙平衡。当家庭面对危机时，能够花时间与朋友共处或活跃于学校事务当中，对孩子来说是很大的解脱。另一方面，当家长或照顾者露出脆弱的一面时，这个年龄的孩子可能觉得要控制自己对于亲子关系的复杂感受是相当困难的。下一章会更深入地探讨这个议题。

贴心小叮咛

当家庭面对危机时，如果孩子有朋友陪他一起度过，或他能将重心放在学校中，对孩子来说也是一大解脱。

第三章

友谊的非凡意义

10—11岁的孩子会有往来多年的朋友，友谊通常始于分享共同的兴趣，伴随渴望要和自己认同的对象结成社群。

友情对10—11岁儿童的发展有显著影响，朋友们可以帮助他们冷静地面对外界的变化。

本章将分别探讨男生和女生如何发展他们的友谊，如何去处理朋友或同伴间的争执和冲突，以及如何避免成为欺凌者和被欺凌的受害者。

朋友与敌人

很多10—11岁的孩子身边会有一小群已经来往多年的朋友。友谊关系通常建立在邻里之间或家族的朋友之间。但大约在八九岁时，孩子会更清楚自己喜欢和谁做伴。通常，友谊是从分享共同的兴趣开始的，伴随着渴望和自己所认同的对象建立一个强大的团体。力量和归属感对八九岁的儿童而言特别有意义，在实际上仍无法完全掌控环境的事实面前，为他们提供了某种庇护。对某些孩子来说，友谊是唾手可得的，不是他们或照顾者需要担心的事情。同样地，有许多的男孩和女孩或许可以维持表面的关系，实际上却很难交到朋友和维系友谊。

贴心小叮咛

此阶段的孩子渴望与志同道合的朋友们组织一个小团体，一起从事他们共同感兴趣和喜爱的活动。

当和较开放的家庭在一起时，友情对于10—11岁儿童的发展有显著的影响。若他们觉得身边环绕着关心自己的大人和富有同情心的朋友，便可以冷静地面对日益增长的对世界的意识以及学校越来越多的要求。常常会有意想不到的困境引发孩子的烦躁和不确定感，让他们开始怀疑自己是否有能力处理长大后的生活。到了10岁的时候，一部分孩子已经会试着处理对友谊的疑虑和担忧了。男孩在生理上的成长，以及有时候女孩们在青春期时的变化，标志着更大的改变的到来。虽然这个阶段的多数男生还没有任何进入青春期的迹象，但他们会意识到相较于年幼的孩子和年龄稍长的青少年，自己在体格上的不同。很多男孩会开始花时间训练体能，一方面是为了表现传统的男子气概，另一方面也是因为他们还没想到性成熟这件事以及未来成为成年男子的潜能。

10—11岁的孩子们将拥有与其他同伴相处的丰富经验。在这个年龄，友谊扮演着与家庭并行不悖的重要角色。很多儿童都有兄弟姐妹，也喜欢与家庭以外的孩子接触。在年龄小一点的时候，友谊在男孩与女孩的生活中呈现了不同的意义，扮演不同的角色。女孩可能同时结交少数几个较为亲密的好友，以及一群可以一起从事某些活动的朋友；男孩们则可能因为从事特定的活动而拥有一小群朋友。

多数孩子通常在进入学校的第一年就加入了一个团体，以便建立社交生活，包括到同学家玩，或一起在户外运动，或从事其他活动。对社交活动的期待所带来的压力可以相当大，通过参加生日派对或共度假期等社交活动，可以感觉到点点滴滴的竞争

贴心小叮咛

不管孩子是否属于任何一个大团体，他们总是能够找到一小群亲近的好友。

意味。但不管孩子是否属于任何一个大一点的团体，他们总是能够找到一小群亲近的好友。

最要好的朋友

对女生来说，友谊是促进情绪发展和社交成长的相当重要的垫脚石。就像年龄较小的女生一样，10—11岁的孩子们会成天泡在和要好的朋友共同营造的氛围里，多数女孩和女人都拥有持续一辈子的友谊。在这个年龄，最要好的朋友也意味着重要的转变，让情绪发展由儿童阶段转到成人阶段。在进入青春期和将全副心思放在浪漫情事与亲密关系上之前，女生们会开始通过亲近的友谊来探索关系的本质。普通的朋友可能因为经验的分享而发展出一段亲近的友谊。无论是出于爱看同一个电视节目，还是都讨厌科学课老师，或是一同关注某件事或一同参与某个活动，都可能成为促进情感联结的方式。

琳达和她的朋友妮尔是在一起生病的那天成为好朋友的。琳达的老师带她到医务室休息。当她到医务室时，发现同学妮尔脸色苍白、四肢无力地躺在长椅上。妮尔正等着家人接她回去，因为她发烧了，很不舒服。医务室的护士很忙，慌张地想要挪出空间给这两个生病的学生。两个小女生在那儿讨论起在学校生病的窘境和尴尬，以及落入医务室护士手中的“厄运”。后来她们发现，原来她们两人住得很近。

当她们恢复了健康，回到学校上课时，两人因为有了共同的经历而让关系更为紧密了。连着好几周的午餐时间，她俩都会聚在一起聊天，很快就成了最要好的朋友。琳达喜欢跟妮尔诉说在家里和学校里发生的事，这些都是她不想跟妈妈或是会取笑自己的姐姐分享的。琳达和妮尔还有一个共同的秘密愿望，想合写一部畅销小说。放假的时候，妮尔邀请琳达和她的家人一起前往海边的小屋度假一周。两人每天都窝在沙发里摇着笔杆在练习簿上写小说，这让妮尔的家人觉得相当有趣。晚上，两个小女生会坐在床上聊天，一聊就是好几小时，内容包括写作大计划、秘密愿望以及对周围的世界的看法。妮尔的母亲不得不常常过去劝她俩到户外去享受美好的夏日时光。

对妮尔和琳达而言，亲密的关系让她们有机会进行某种测试，从中不仅可以寻找自我，也可以了解如何顺利地与其他人交换感受。这样强烈的情感不会来自家庭成员，也不牵涉成人伴侣之间复杂的亲密互动。很多女生会从与最要好的朋友的亲密关系中获得慰藉与自信。

11岁的女孩想要拥有专属的、甚至不为人知的友谊，不同于年龄较小的女生所玩的游戏和从事的日常事务。换句话说，她们的友谊跟建立自信没太大的关系，反而是在寻找一种经历，以强化和确认逐渐形成的自我认知。

每周六的早上，汉娜和最要好的朋友都会在家附近的商店度过。双方父母觉得这两个小女孩这般奉行死忠相当有趣，但有时候也会有点受不了。她们喜欢带着零用钱逛书店和礼品店，并花很长时间讨论所购买的物品。汉娜的爸妈觉得这件事情挺不错的，因为可以锻炼两个小女生宝贵的独立性。她们还没有大到可以独自出去一整天，或在没有人看管的情况下进城。这个活动让她俩可以尝试利用逐渐发展出来的能力解决事情，运用金钱以及稍稍体会一下少女的生活，例如，看看衣服、赞叹最新一季的流行鞋款，想象如果自己要去参加派对会做哪些事情。从旁观者的立场来看，这个年龄的女孩所感兴趣的事物可能是一种相当怪异的组合。她们熟知身边的青少年文化，不再玩以前热衷的游戏和玩具，喜欢浏览店里的化妆品专柜或发饰品区，但仍旧喜欢吃糖果，看儿童节目。

好朋友们会紧紧黏在一起，有时候甚至会一起对抗外界。在某些时候，这并不是一件好事，尤其是当这样的需要来自要组成一个将外人排除在外的专属小团体时，有时两人的亲近可能会伤害到其他人。几乎所有的孩子都会在某个阶段在私底下对其他孩子抱有敌意。从家长或照顾者的角度来看，这种敌意常常发生在孩子觉得遭到背叛时，比如最要好的闺密突然喜欢和班上的其他女同学来往。有一段时间，这对新组成的好朋友会黏在一起无法分离，而剩下的那一个则疑惑不解而感觉孤单。这种状况会让人很难过、很痛苦，但就像在孩子年幼时一样，这种状况不会持续很长时间，但也可能代表了孩子内心更深层的不安全感。

比较复杂的仍是女孩们对待朋友的行为方式——虽不致到欺凌或公然不客气的地步，但许多女生倾向恶意批评或严厉地对待别人，因为这两种行为可以进一步巩固与新朋友的关系，同时将其他人排除在外。这样的行为也可在男孩身上看到，他们通常会将这样的感受以公认的惯例和行为模式表现出来，例如，团体设定的规矩或体育活动的比赛规则。然而，对多数儿童来说，这种经历是发展自我归属感的正常过程。也就是说，在压力之下可以创造出一段亲近的友谊，这段关系可以支持自己，替自己加油打气；或是教导孩子独自面对和解决孤单一人时的难过感受。

有些孩子的确不容易交到朋友，但是到了10—11岁时，如果还是无法自在地与他人互动，就代表他需要更多的协助。家长与照顾者可以通过不同的方式来帮助他们，包括给予体贴细心的鼓励。如同之前提到的，当我们了解且承认孩子本身独特的个性与特质时，能够为他们提供更多的协助与支持。

男生交朋友的方式

在这个年龄，男孩会有几个兴趣相投的好朋友。不同于女生，男生偏爱与体能相关的活动，喜欢把时间花在获得团体认同上，或努力想要成为某个团体的一分子。在这个年龄之前，孩子很容易将复杂的想象游戏逐渐发展成某种自己想要的惯例或

> **贴心小叮咛**
>
> 男孩通过游戏和体能活动来结交朋友。

仪式。孩子们会参与某些游戏，暂时将成人的世界排除在外，创造一个同时并存却不与外界沟通的世界。同伴团体的归属感和成员资格的认可也与某些细腻的技巧有关。这种倾向反映在孩子偏好具有一定规则的游戏上，或想象和推理的技巧上。很明显，这就是为什么许多流传已久的游戏（如《大富翁》《地产大亨》等纸牌游戏）和现在的某些当红的电脑游戏会如此受欢迎。

女生交朋友的方式

相同，女孩也会受到具有某种规则限制的游戏和友谊的吸引。有些10岁的女生的注意力开始从玩游戏和故事书慢慢转移到关心青少年文化。若女孩的友谊有了实质性的显著的差异，通常会呈现在交流的模式上。在年龄较小时，女孩们就已倾向用语言作为实时接触与沟通的方式。她们也会因为游戏或一起上社区的游泳课而和同伴建立友谊，但重点不是所从事的活动，而是通过对日常事务的讨论、规划、比较和衡量来增进友谊。

> **贴心小叮咛**
>
> 女孩喜欢用聊天的方式来结交朋友。

当然，还是有例外的状况的。

交不到朋友时，该怎么办？

让我们回到孤单和在交友上遇到困难的议题，大人应该如何协助那些似乎不太会与他人建立友谊的孩子呢？当大部分孩子不再需要仰赖父母安排社交活动，开始以自己的方式与他人往来互动时，无法做到这些的儿童可能会觉得比以往更孤单。孩子在这几年的发展中发现自己与其他同辈其实没有太大的不同，这对他们来说非常重要。孩子们现在已经长大了，再也不会欣然接受父母的安排了，对任何可能令自己与他人不同的因素都相当敏感，更遑论让自己显得特异的情形了。

贝琳达就是这样一个小女生，从第一天上课开始，就不太容易交到朋友。娇小害羞的贝琳达只有一个大她很多岁的姐姐。班上的男生比较多，因此她可以选择当朋友的女生相对有限。在第一年，贝琳达并没有找到任何志同道合的朋友，她宁愿待在家里看电视，或练习网球。觉得有点孤单的她，越来越常埋首于自己喜欢且擅长的阅读当中。当其他孩子在操场上玩耍时，她却抱着故事书，沉浸于书中的探险故事。其他同学对贝琳达的能力相当钦佩，却不知要如何邀请她加入活动。由于没有大人帮助贝琳达跨越这道鸿沟，于是她和其他同学们之间的距离越来越远。贝琳达很聪慧，对数学和科学相当在行，也很擅长阅读，但没想到这些都让她越来越孤立无援。

在家里，贝琳达喜欢安静地坐着看书，听爸妈和姐姐聊天，并从中学到了许多东西。但糟糕的是，随着日子一天天过去，她越来越怀疑自己到底能否在学校和同学好好相处。她觉得很尴尬，很不自在，也不敢和女同学们一起跳绳或收集手链挂饰。她不想让其他人知道自己有多害羞和不自在，只能用读过的许多故事中的美好感受来掩饰这些不愉快的感觉。贝琳达的老师有着细腻的观察力，发现了这个小女生的孤立无援。在小学的最后一年，老师推荐贝琳达担任学校话剧中的主角。大家很惊讶地发现，贝琳达很投入演出。这个角色需要跳舞和唱一首歌曲，这样的经历让她在同学和老师眼前仿佛换了一个人。贝琳达的问题当然无法在一夕之间解决，但这让她卸下了觉得无法与班上的女同学做朋友的防备心，而同学们也了解到其实贝琳达并不是一个严肃的女生。

贴心小叮咛

即使是一个害羞内向、不会主动示好的孩子，在没有任何朋友的情况下，也会感到相当的孤单寂寞。加上这年龄的孩子不喜欢和大家不一样，虽然表面看不出他的困扰，但实际上他会非常沮丧难过，敏感的大人应该理解并协助他解决这一问题。

男生看起来比较不用担心与他人建立友谊的问题，或许是因为他们不像女生，比较不容易受情绪压力的影响。这些情绪压力大多来自担心自己是否能够被家庭或其他生活圈所接受。然而，即使男生看起来可以一个人独处、一个人玩电脑游戏或一个人在公园练习投篮，不会跟其他人讨论有关友谊本质的问题，但他们也经常担心自己不被团体接受。有的时候，就像贝琳达一样，个性和家庭背景会让孩子与同伴的相处变得难以捉摸；而和女生不太一样的是，当家中发生状况或遇到困难时，男生可以借助身为团体一分子而获得更大的力量与支持。

如同贝琳达的案例中所描述的，这可能发生在孩子被别人欺负和遭排挤的时候，通常都是由多种因素引起的。由于孩子对自己在社交和团体当中的位置相当敏感，也会因自己的弱点而烦恼，因此他对是否能够拥有归属感和被接受相当在意。这是有帮助的，尤其是对老师来说，可以利用这样的意愿让孩子守规矩，并朝着共同的目标努力。但这也可能是由另一种想法造成的，让孩子们对于世界上不符合自己期望的各种事物都抱持相当严苛和焦虑的批判态度。自觉脆弱的孩子常会用将注意力转向他人的方式来处理这样的感受，尤其是针对他认为比自己更不能适应的孩子。最极端的状况是公然欺凌，但他们的行为通常是不自觉的，孩子们一般会通过批评和选择游戏或队友的方式来传递对其他人的疑虑。我们都很清楚，在工作场合或公司当中，最受欢迎的同事所具备的强大吸引力。

小心成为欺凌者

很少有孩子在成长过程中不曾和朋友或兄弟姐妹发生过争执。很多大人都记得在上学时遇到的不开心时刻。当时他们感觉脆弱而孤单，没有朋友和大人提供任何支持。有些人会说自己当时被欺负了或遭到了欺凌，其他人则将当时与同伴团体互相怒骂的脏话或欺负对方的行为视为普遍状况。大众现在也渐渐注意到了不同形式的欺凌其实相当普遍，因此教育机构制定了行为准则与规范来制止这样的情形。家长和孩子自然希望学校能够关注群体中较弱小的成员，并采取行动保护他们。

> **贴心小叮咛**
>
> 在交友上受挫的孩子有时候会成为欺负别人的欺凌者，或被他人欺凌的受害者。

10—11岁的孩子们对处理与他人关系已逐渐形成了多种应对方式，遇过不少痛苦与挫折，当然也有很多愉快的体验，这些都是亲近关系的特征。有人可能期待孩子在年龄较小时就经历过许多强烈的感受，并学到在遭遇失望、争执或失败时保护自己的各种方式。举例来说，八九岁的孩子会找到某种游戏，并尝试调整它的玩法，以自己的方式获得一些满足，以缓解在人际互动过程中遭遇的痛苦而强烈感受。

盖瑞在电动游戏中和不知名的对手比赛，看谁可以拿到最多口香糖卡片，通过设定让自己觉得舒服许多的规则，来缓解哥哥的朋友为了戏弄他而假装邀请他参加骑自行车比赛的无助感以及痛苦感。他算好了自己与对手收集到的卡片数目的差距，想象着收集到全套卡片时所感受到的满足与解脱。因为他知道自己马上就可以成为第一个收集到全套卡片的人了。

在父母或年龄大一点的孩子眼中，10岁的孩子喜欢的游戏和活动可能相当无趣且缺乏弹性。以往，他们对于游戏有一份坚持，就是一定要遵守规则和取得加入的资格，且对依据每个人的特性组成团体这件事十分热衷，如今则渐渐对友谊与分享的关系有了更细微和复杂的想法。随着青春期的到来，他们逐渐能以更友善、坦率和开放的心态去关注他人。但是如果孩子继续执着于惯例常规和取得加入团体的资格，可能就会导致欺凌或被欺凌的事件发生。

落难的灰姑娘

莎哈拉是一个10岁的小女生，两年前和家人一同搬来欧洲。父亲在家乡拥有一份相当有声望的职业，让家人过着优渥的生活。女儿们住在豪宅里，过着有佣人照料的生活，上学有私家车接送。因为政局变动，莎哈拉的父亲匆忙决定离开家乡，带着家人搬到了一个比较安全的地方。

他们顺利地在新环境中找到了房子并且安顿下来，但此次搬迁让莎哈拉相当困扰。身为小女儿的她，一直怀疑姐姐和母亲是否注意到了自己的存在。她渴望与父亲有固定的共处时光，但爸爸总是忙于工作。在家乡的优渥生活让女孩们很少有机会与其他人相处，这样的状况在搬家之前对她们来说并不是一个太大的问题。莎哈拉觉得在自己房间里玩玩具和换衣橱里漂亮的衣服比较自在，爸妈也时常提醒她要对这样无忧无虑的生活心存感激。莎哈拉也的确认为自己比周围的同学优越，甚至会这样问："你就没有一个比较像样的削铅笔机吗？"并会在其他人面前显摆自己的米老鼠削铅笔机。

来到欧洲后，莎哈拉觉得以往的安定和因优越地位所带来的好处都消失无踪了。突然间，她和她的家庭再也没有特殊的地位了，而且她就读的班级里全是自幼儿园起就一直同班的女生。莎哈拉觉得自己像局外人和过了午夜12点的灰姑娘一样，她本能地用了一种长久以来都很有慰藉效果的方式来处理这一切。无须多想，她很快就在班上找到了一个女生，像自己一样，看起来不太能融入班集体。莉齐是一个瘦瘦高高的女生，不喜欢玩体能游戏，进行体育活动时总是非常羞怯。此时，莎哈拉发现虽然自己和大家不一样，但莉齐才是那个"鹤立鸡群"的人，一旦有这样想法，她马上感觉好多了。

不久前，大家午餐后在操场上玩的时候，莎哈拉会走过去对莉齐轻声说：“快一点，你不能再跑快一点吗？”过了一会儿，她又悄悄走到莉齐身边，小声地问她为什么要到操场上来，并说当她用纤瘦的双腿跳跃时，所有的人都会嘲笑她像一只鹤。当莉齐终于将莎哈拉对自己不友善的评论报告给老师时，老师找到了莎哈拉，责备了她，建议她试着跟班上的同学做朋友。但对莎哈拉而言，她再也不可能获得安全感、自信或享受班上开放、弹性的氛围了。

最后，老师请莎哈拉的妈妈到学校里来了，母亲难过地表示她怎么都想不到莎哈拉会欺负同学，这个小女生在家里时是那么安静。妈妈怀疑是不是就因为莎哈拉来自其他文化，才让她成为大家挑剔找碴的对象。

贴心小叮咛

来自不同文化的移民在适应新移民国家时，会产生很多问题，如果没有及时发现，可能会造成另一种形式的欺凌。

谁是欺凌者

对受害者来说，欺凌让他们感到难过和孤立无援，尤其是导致欺凌的起因对大人来说多是无足轻重的。无论是身体攻击还是言语凌辱，女孩们通常可以微妙而模糊地粉饰对他人的威胁，让欺凌行为变得难以认定和处理。虽然男孩们可能直接诉诸肢体暴力，但也会用言语伤害同伴和兄弟姐妹。伴随孩子们在这几年对忠诚度与遵从团体中尊卑顺序的强烈倾向，他们对哪些信息可以告诉谁，都有谁可以知道，感到相当疑惑。偶尔会有孩子觉得完全被孤立了，也无法想象可以将自己悲惨的命运跟任何大人诉说。身为家长和照顾者，我们参与孩子的生命，希望能够保护他们免于受苦，也期许他们正视自己的脆弱感受，因为这是身而为人普遍需要容忍的部分。然而，要鼓励孩子做到这些是相当困难的。欺凌比较容易出现在具有某种特质的孩子身上。这些孩子不知道有谁能够帮助自己克服渺小、无能或妒忌的感觉。

贴心小叮咛

欺凌可能比较容易出现在有自卑感和有困扰的孩子身上，他们不知道谁能帮助自己克服那渺小、无能或嫉妒的感觉。

如同莎哈拉的故事中所描述的，欺凌者通常不见得是团体中最吵闹的那一个，比较常见的反而是本身因某种缘故而深受困扰的孩子。从外人的角度来看，这是很难发现的，即使我们都很熟悉那些故事，例如，《哈利·波特》系列当中的德拉科·马尔福、《纳尼亚传奇》里的白女巫。尤其是那些特别担心归属问题、在家中找不到安全位置或因觉得被忽略而感到焦虑的孩子，尤其会吸引那些局内人和局外人一时的兴致。对他们来说，很难想象团体当中的每一个个体都是能够被欣赏和被尊重的。这并不是一个会接受怪异习惯或特殊个性的年龄，但是有些儿童已经能够包容与自己在文化上有所差异的孩子了，甚至会喜欢和他们相处。

对于被欺凌的受害者，如果告诉他们欺凌者的内在其实是空虚的或那样的行为是荒诞的，仅能提供一丁点儿的支持。鼓励受害者去扮演一个更狠的角色，并不是马上就有帮助的方法。在莎哈拉的故事当中，遭受欺负的孩子莉齐需要了解加害者与被害者都需要关怀与了解，但也必须知道只有加害者才会遭受处罚。

怎么面对欺凌

面对欺凌，大多需要仰赖自信。有能力进行沟通并有自我价值感和归属感的10—11岁孩子应该可以摆脱各种形式的欺凌。因某种原因而没自信的孩子会先吸引那些麻烦制造者的注意。欺凌者将身体或情绪的力量强加在缺乏自信的孩子身上，因为他们比较不会从外界寻求援助，或让大人察觉他们遭遇的恶意行为。那么，要如何帮助这些缺乏自信的孩子去面对学校生活，并让他们喜欢上与同学相处呢？

那些可以在家中自在分享或在固定时间讨论感受的孩子自然会在心中培养出坚定的归属感。来自这样的家庭的孩子因为比较能自在地与人相处，所以即使遇到了困难，也会因为可以找到支持自己并可以共同进行讨论和思考的对象而充满自信。这能帮助孩

贴心小叮咛

如果孩子成长在一个能够沟通且愿意倾听孩子想法和感受的家庭里，自然会充满自信。一个充满自信的孩子不容易被欺凌，即使遇到欺凌事件，也会主动向大人求助。

子抱有一个想法，那就是即使在现实生活中遭遇了困难，仍有大人关心自己，他们当然也比较愿意向大人寻求协助。

勇敢坚定地面对问题

当唐尼从轻松的美国小学毕业后进入了传统的英式教育体系时，他很讶异并有点生气，因为他发现老师对自己相当冷淡且毫不关心。当某些年龄较大的男同学取笑他的发型时，唐尼马上向老师报告，但老师丝毫不重视。过了一两天，唐尼仍然相当难过、震惊，对老师失望透顶。他觉得自己被英国文化排挤了，怎么都不可能成为其中一分子。他的失望很快转为愤怒，他回学校试着和年级主任进行了讨论。只有具备相当的自信和坚持，才能够要求年级主任倾听自己在意的事，因为在家乡

贴心小叮咛

遇到不公不义的事，一定要勇敢站出来，为自己的权益而战，否则欺凌的噩梦永远不会停歇。

的环境中，他已经习惯和父母、老师以及其他大人讨论这样的问题了，所以他不会因为之前的老师的漠不关心而心灰意冷。

第四章

身体的魔法

在这充满魔法的时刻，孩子突然间变得不一样了，身高、体型和体格有很大差异，虽然每个人在生理和性成熟度上的发展速度不尽相同，有的矮小瘦弱，有的高大魁梧，有的高挑修长，有的娇小玲珑。在这个年龄有一个有趣的现象：同年龄怎么差那么多？

尤其是女孩，可能对于自己逐渐凹凸有致的身体感觉相当尴尬，而这也代表童年生活即将结束。较早进入青春期的女孩的情绪容易受生理因素影响，且会想在同伴间寻找认同感；男生则不会，他们一般会将精力发泄在各种体能活动上，在运动中寻求认同感。

真的是男女大不同！

巨人与小矮人

没有哪个时期会像现在这个时候一样，同龄的孩子有如此引人注目的生理差异。看着一群10—11岁的孩子，马上就能发现每个人的身高、体型和体格有很大的差异。就像其他方面的发展一样，每个孩子在生理和性成熟度上的发展开始的时间点不尽相同。因此在一群10岁孩子当中，一定会有一两个较矮小的男生，一个高大魁梧的男孩，以及几个已经有了青春期特征的孩子。女孩也一样，有各种身形体态，有些高挑且带了点男孩气，有的还相当娇小，有的已经进入了青春期。女生在身体上的变化比男生更明显，开始得也更早。

到10岁的时候，女孩们的身材开始像成年女性一样比较凹凸有致了，胸部开始发育，有些人已经迎来了月经初潮。因为青春期开始得较早，男女生之间的关系相较于前几代人来说难免有所改变。男女生已建立了性别认同，可能偏好和同性别的伙伴一起

贴心小叮咛

这阶段的女孩对于自己在生理上的变化可能感到相当尴尬。这不仅是月经初潮而已，成人生活中的性关系和亲职教养也将伴随而来，代表纯真的童年生活即将结束。

玩或消磨时光。女生会和其他女生建立关系，无论是一起进行某种活动，一起做梦，还是一起期待未来的生活。这时，女孩们可能对自己生理上的变化感到相当尴尬。不仅是月经初潮，成人生活中的性关系和亲职教养也将伴随而来，代表童年生活即将结束。这可以在较早进入青春期的女孩的身上看到，她们正试着在同伴团体中找到自我认同。

丑小鸭变天鹅

查莉发现自己处于这样的状况。婴儿时，她便被养父母从一个东欧国家领养了过来，她幼年时的成长顺顺利利、快快乐乐，父母从来不避讳谈论领养她的事、她的原生家庭以及对她的关爱。查莉有一个妹妹是养父母生的，很钦佩她，查莉很享受身为大姐姐的乐趣，也很有成就感。查莉喜欢各种活动，在英语和话剧上的天分让她在班上相当受欢迎，同学都将她视为一个可靠、热情的班级成员。在家里、在话剧社以及在学校的音乐活动中都是如此。

查莉9岁时，身体开始有了变化，她觉得焦虑，多次编造各种借口逃避参加课后的体育活动，似乎要将自己孤立起来。查莉的母亲发现了，试着和她讨论，想让查莉对身体的变化放心。当月经初潮时，查莉失去所有的自信，母亲告诉她这是正常现象，对健康发展来说是一个好征兆，但她相当怀疑。对于和其他女生不一样，查莉不仅感到尴尬，还担心要如何在经期保持干净。她发现自己比其他同学更早地进入了青春期，这让她开始担心自己的身世。查莉觉得尽管自己很受欢迎，但这种不受欢迎的变化意味着自己并不属于这里。但有些好朋友们对查莉来月经的这件事抱持着超乎常理的敬畏态度，让她获得了额外的尊敬和同情。

看得出来，查莉在早期的发展阶段相当孤立，且需要相当程度的保证方能安心。幸运的是，母亲和女儿已建立起了亲密的关系，这让母亲可以继续当女儿的倾听者。当然，或许等查莉适应了身体的新变化并能够放松之后，或将担心自己是领养的、永远和其他人不一样的害怕搁置在一旁之后，就可以开始与一两个女生建立亲密的友谊，并减少向母亲倾吐的次数。取而代之，查莉会开始寻求和期待其他女孩的陪伴。

这个阶段的孩子自然会将注意力转向朋友与同伴，但这样的关系会被早期与父母的关系所左右，尤其是和同性别家长的关系。对查莉来说，母亲开放的态度和愿意关心女儿的烦恼——无论这样的烦恼是多么地不切实际——在这个辛苦的过渡期都给予了她很大的帮助。这样的亲切与亲密关系在查莉心中树立了一个榜样，对她与朋友的关系甚至是之后与男孩或伴侣的关系来说都是一种示范。

进入青春期后，有些女孩将其视为一个值得欣喜的征兆，证明自己很健康，没有异常，但难免会觉得有点失落。像查莉一样，她们可能会感受到其他孩子对自己的怒气，甚至是嫉妒，因为进入青春期就代表踏入了成人的世界，月经来潮代表女性性征开始发育。所有的担忧都会因慢慢放心和逐渐形成的自信而消失不见。但有时，激素的变化会导致情绪起伏，痛经所带来的身体不适会加速并造成长期的退缩与自卑。就像年龄较大的青少年对自我认同会有些挣扎，怀疑自己是否真的有长大成人的那一天，10—11岁的孩子可能会不知所措并感到失落，不确定自己是否可以表现得像一个小孩子，或是不是年龄太小还不可以交异性朋友或不宜从事青少年的活动。但从某方面来说，他们不再像小时候一样无忧无虑或喜欢从事消耗体力的游戏了。

贴心小叮咛

10—11岁的孩子可能会不知所措和失落，不确定是否还可以表现得像一个小孩子，或是不是年龄太小还不到可以交异性朋友或不宜从事青少年的活动。但可以确定的是，他们不再像小时候一样无忧无虑或喜欢从事消耗体力的游戏了。

对于那些生理发展速度较为寻常的女孩来说，青春期还是很遥远的事情，但她们也会觉得迷惘。有些女生对月经来潮的相关事情相当焦虑，而忽视了正发生在自己或他人身上的不可避免的生理和心理变化。这可以在变得非常投入于有些幼稚的游戏的10—11岁的女孩身上看到。

萨图对自己所听到的有关青春期的事非常烦恼，觉得自己和班上的女同学格格不入。她喜欢看电视，还定期登录一个关心濒临灭绝的动物的网站，这个网站可以监测亚洲和非洲濒临灭绝的动物，并得知相关的信息。最近，萨图喜欢把以前看过的故事书再拿出来阅读，回味小时候发生的趣事，想要看以童话故事为主题的电影。父母对萨图的这种“复古”行为感到不解与疑惑。不久之后，这样的行为慢慢减少了，萨图开始对和自己年龄相符的活动与行为产生了兴趣。此时，萨图变得更有自信、更确定自己的发展状况了，但在她准备好之前，必须先体验一下小时候所熟悉的乐趣和安全感，之后才能将这些抛诸脑后，迈向生理与情绪的新纪元。

贴心小叮咛

在迈入青春期之前，10—11岁的孩子会突然回到小时候，玩年幼时熟悉的游戏、阅读之前看过的故事书、回味过去的趣事、喜欢看以童话故事为主题的电影，这一连串的“复古”行为只是为了替未来生理和心理上的成长做好准备。

每个孩子都对自己正在变化的身体有特殊的焦虑、希望和期待。在某些家庭里，进入青春期可能让孩子与家长的关系有一线转机，双方能相处得更为融洽和愉快。有时候，这会让我们回想起自己小时候在“新的”身体发育时所感受到的混乱或兴奋，或者有比不上他人的失望感。孩子可能和我们有相同的感受，或有完全不同的感觉，因此在这个阶段没有任何备忘录可以提供。

魔镜，我是世界上最强壮的人吗？

在青春期的前3年，男生主要的发展在生理上。在10—11岁时，性发展导致的生理改变并不会对他们造成影响，当然也有例外的时候。即便如此，他们也会注意到身边的其他孩子正在经历的变化。整体而言，不像女生，这个年龄的男生并不会因生理状况的改变而有情绪起伏，但对于正在浮现的性意识，加上一定的好奇心和想要知道这样的转变到底如何发生的疑虑，会让他们将全副心思放在身体上。儿童所从事的各种游戏都可被视为研究计划。通过游戏，他们不只在探索外面的世界，也在探索自己的内心。一个例子是刚学走路的幼儿为玩具熊穿上了自己婴儿时期的衣服，并把它放在床上哄它睡觉。而较大的孩子通过科幻故事与机器人玩假装和想象游戏时也是一样的心情。

玩具和建筑工具组通常是专为孩子设计的用来创造某些物体或东西的。这些玩具可以让他们改善、培养和获得特别的能力。玩具制造商注重培养孩子的想象力与逻辑能力，而这些玩具也为儿童提供了宝贵的研究机会，让他们能够处理各种发展的可能性，包括心理、情绪和生理层面的可能性。对一个10岁的男孩而言，若不是通过多次尝试想象中的可能性，他很难相信自己以后能长成一个强壮、高大和有性能力的成年男性。

贴心小叮咛

体能游戏和对身体的认识与了解对于男生正在建立的自信至关重要。在体能上探索身体和生理反应，对日后接受并相信自己会长成一个强壮、高大和有性能力的成年男性相当有帮助。

同样，体能游戏和对身体的认识与了解对于男生正在建立的自信至关重要。在体能上探索身体和生理反应，对日后接受并相信自己会长成一个强壮、高大和有性能力的成年男性相当有帮助。

第五章

学校生活大不同

孩子这时可能面临学校生活的巨大转变，包括换学校以及课业任务更具挑战性。

不同于前几年着重在游戏及肢体上的体验，现在是以培养阅读、写作和逻辑推理能力为主。

10岁的儿童拥有更多信息和经验来进行思考与推论，他们可以辨认其他人所面临的困境与选择，并依据自己的观点去协助他人解决一些问题。

在这几年，家长也需要重新评估自己在孩子的发展过程中应扮演的角色与做出的贡献。

从小学校到大学校

在这个年龄，有些孩子会面临学校生活的转变。这一转变来自换学校，开始更为具体的学业生涯。对其他人而言，虽然仍会继续在同一所学校上课，但课业任务更具挑战性了。老师和教育计划期待孩子们通过课堂教学提升逻辑能力与独立思考能力。有时，这样的期待是以向孩子提问的形式呈现的，无论是在数学、语文还是历史、科学、地理等其他科目上。孩子们在前几年有各式各样的机会去掌握学习方法，现在已较少通过游戏或身体经验的方式来学习了，更强调阅读、写作和逻辑推理。孩子们需要面对记忆事实的挑战，也乐于在学习中获得力量感和秩序感，这些都是知识带来的。在10岁之前，他们还无法从不同的角度思考问题，或无法对不同的信息做出平衡中立的判断。如今，孩子们可以利用记忆中的许多生命经验了，因为我们的记忆不仅储存着事情的细节，也记得住所体验过的情绪。有如此生动的经验累积，10岁儿童可以拥有更多的信息和经验以进行思考与推理。这也让他们更能真心展现同理心，想象一个

贴心小叮咛

这个阶段的孩子的学习较少通过游戏及身体体验的方式来学习，而是强调阅读、写作和逻辑推理。

与自己所知的完全不同的世界，那里住着一群和我们有相同感受的人。就像孩子小时候可以辨识母亲的感受一样，10岁的孩子也可以辨识他人所面临的困境与选择，开始依自己的观点去协助他人解决这些问题。

贴心小叮咛

从小学进入中学，最大的挑战是课业。学习能力的高低、意外的发生和遭逢变故，都会导致学业成绩表现不佳。

学校作业会要求这个年龄的孩子有独立工作与组织的能力，当他们开始需要记住什么课要带哪本教材、从一个地点到另一个地点、课程时间安排比低年级时更为复杂时，便进入了下一个阶段。绝大多数10—11岁儿童已准备好面对这些新任务了，但在每一个阶段，总会有人无法达到要求，或发现某些变化是很难适应的。同样地，孩子处理新的学校制度的能力在一定程度上受家长对学校生活的感受与过往经验的影响。

有时候，较高的期望和相关的转变仅限于学校范围内，但大多数家长通常会期待孩子在家里也能够遵循一些基本规律。很多孩子会从固定的生活作息中获益，包括写少量的家庭作业，但这需要一定的动力与组织能力。更多的学业任务不仅会被孩子视为一种挑战，对家长而言也是如此。有些孩子已经养成了阅读习惯，喜欢从自己的探索当中获得满足感，能从老师布置的挑战中有所收获，并期待挑战更有难度的作业。

在这时候换学校就读的孩子会面临额外的挑战——离开熟悉的环境（包括熟悉的老师和教职员），加入年龄较大的群体当中，在那儿自己又成了年龄最小的一员。不像小学，中学不会对个体有过多的关注，也不会那么关注儿童的学习发展或社交发展。儿童可能会习惯在同一间教室上课，由一两位老师授课，优秀的作业会被张贴在教室里。可一旦进入中学，学校生活的转变相当令人惊讶，俨然一种完全不同的文化。在中学的课堂中，主角不再是学生，而是老师所教授的科目。孩子将进入一个新世界，在这个世界里，老师眼中的学生都是一样的，孩子自己只是众人里的一员而已。此时的生活越来越接近外部成人世界的运作方式和应承担的责任了，初中或高中的生活对尚未具备独立能力的孩子来说相当令人不安。

你学会阅读、写作和算数了吗？

孩子只有对这个世界具备信心并感到自在，才能善用学习机会，吸收经验，提出自己的想法和观点。前提是，孩子们觉得自己具备了阅读、写作和算数等基本技巧。每个环节都可能导致焦虑，担心自己不能成功，或担心无法掌握阅读和数学课程。这反映了两种想法之间的拉锯：一是鼓励将学习视为快乐和充实人生的源泉；二是将学业当作评断表现的指标。因此，孩子可能会怀疑自己是否积攒了足够的技能或本钱，以自信地看待自己所处的世界。多数孩子会接受考试并发现问题，从而针对基础科目寻求额外的协助。然而一旦没具备这样的技巧，11岁的孩子会发现伴随新课业而来的期望和压力相当令人畏惧。

一个10—11岁的孩子可能在课业上面临困难，例如，难以解读或记忆数字或字母。有些人发现，理解书面指示毫无难度，却无法理解在课堂上听到的讯息。老师和心理学家渐渐发现，这些失能的状况可能是全面平衡的发展过程中的暂时性转变。阅读和算数对某些孩子来说特别困难，他们会需要个别协助。的确，在这个年龄，大多数老师会特别注意这样的状况，确保孩子能准备好面对未来的课业学习。有时候，家长会觉得学校的老师不了解自己的孩子在学习上的困难，这可能是因为老师尚未拥有足够的信息，来详细确认孩子这方面的问题。在儿童的早期学校生活当中，家长及主要照顾者若能与学校教职员建立联系，是相当有帮助的，可以借此对孩子的整体发展有更为全面的了解。之后，和学校老师或教职员的沟通不再那么及时了，老师们对学生在学校的个别情绪需要干预得也较少。因此，需要仰赖家长与照顾者努力让这条沟通管道保持畅通。家长若能提醒老师留意孩子在学校面临的困难，将对教职人员有极大的

贴心小叮咛

良好的家校合作对孩子的帮助很大；家长如何拿捏和老师之间的沟通也是很重要的。

帮助。当然，探讨背后的原因也是必要的。

举例而言，孩子可能因为很多理由而无法阅读学校所规定的读物。有时候，这些困难可能是学习障碍的征兆，因此需要仔细深入的了解，才能确定是需要补习的协助，还是只是暂时的适应不良。课业上的困难也可能提示了儿童在其他方面的担忧。对家中生活有所顾忌的孩子或生病的孩子会无法专心于数学公式或雨量的比较。我们可以了解，对好老师来说，评估孩子在学习上的困难是相当复杂且不容易的，因此若家长可以提供相关信息，对老师们绝对很有帮助。

搞怪孩子的秘密

10—11岁儿童在教育过程处于一个尴尬的位置，他们不仅需要以更成熟的方式学习，还要表现得更独立和有自信，但仍有许多孩子需要在一个有控制、有指引的环境下学习；课堂之外的生活空间，如学校餐厅、走廊或操场，则是孩子们最常遇到挫折的地方。虽然现在他们拥有较多的独立时间，可以去图书馆，参加运动队或社团，让他们获得了更多的自信；但对部分儿童而言，虽处于更自由且限制较少的世界，大多数时候仍要在同伴团体的视线中活动，一样是难以承受的。

丹尼11岁了，聪明、瘦小，才刚进入中学就读，和大自己3

岁的哥哥就读同一所学校。丹尼刚开始时有点害怕，他采用虚张声势的方式展现自己。每天早上，他会大步走进校门，大声喊着同学的名字，搞笑夸张地描述从起床到放学所发生的一切。有一次在教室里，他不停地逗同学开心、做鬼脸、在座位上动来动去，就像在小学时一样，结果很成功地激怒了老师。但他很享受因为在班上调皮捣蛋和搞笑而大受欢迎的状态。尽管如此，老师知道丹尼的行为仍在掌控之中，也理解他在刻意隐藏因感觉渺小而害怕的情绪。

但久了以后，就没人耐心地对待丹尼了。他的滑稽行为在前来点名的老师的眼里是在浪费时间和想要引人注意。丹尼想获得大家注意的行为对学校而言已构成了一种挑战公权力的表现，老师们开始罚丹尼课后留校，给他布置更多的作业，以彰显权威，却没想到反而让丹尼变本加厉，即使私底下丹尼希望像哥哥一样出色。在第一学期的家长日，妈妈恳请大家理解丹尼的感受，他是担心自己在班上毫不起眼，担心永远都无法像哥哥一样优秀。丹尼的年级主任因此更能体谅他了，并做了一些安排，找了一位同学当他的“守护天使”，在中午用餐或搭校车到体育场时陪着他。这样的处理方式让丹尼重拾对新学校的信心，也排除了自己怕被人叫出姓名或认出的担忧。很快，丹尼可以与年龄较长的学

> **贴心小叮咛**
>
> 对于自信心不足的孩子，必须让他知道有人关心他、支持他。

生建立关系了，他开始觉得能够掌控学校的生活了。直到这时，他才准备好了处理老师所布置的作业。

除了我们能够记起的在学校遇到的一般担忧外，有些儿童还会因为分离事件而在学习课业上或适应学校的生活方式上遭遇困境。例如，突然罹患严重疾病的孩子会难以应对繁重的学校课业要求。

无法上学时，该怎么办？

凯蒂是一个活泼的11岁女生，有很多朋友，且兴趣广泛，从骑马到在运动中心玩蹦床。中学开学的第一个月，凯蒂从一匹小马上摔了下来，并摔断了腿。她受到了惊吓，并因为骨折而住进了医院，要在床上休养好几周。凯蒂本来对新学校充满期待，并很高兴能和之前同校的朋友一起进入新学校。对于父母所担心的需要走上一段路才能搭校车的事，凯蒂原本也适应得相当好了，结果，跌断腿这件事给凯蒂带来了沉重的打击，让她不只得与原本的朋友分开，还得和新认识的同伴分开。同学们非常同情她，老师也利用英文课的时间让大家写了卡片和小故事给凯蒂。她的朋友们曾到医院探望她，凯蒂的家人也鼓励大家多打电话给她，或随时来看她。但凯蒂不得不放弃这学期剩下的课程，等春季学期开始时，她才能够拄着拐杖回去上课。

这个满面笑容、个性外向的小女生吸引了许多同情的目光，原本新学期刚开始时对她不是很了解的老师和同学们现在都知道有她这么一号人物了，开始关心地问候她。凯蒂在医院时得到了一些课业帮助，但仍得放弃大部分课程。凯蒂担心离开这么久之后，再回到班上时无法轻易地跟上进度，特别是法语课，因为她从来没有学过法语。在回到学校的前几周，凯蒂相当疲倦且不耐烦，觉得需要赶上其他人的进度是不可能的。但大人们给予她的鼓励和称赞让她慢慢进入了状态。在期末考试来临前，凯蒂已经赶上和她一起入学的伙伴们的学习进度了。

相反，艾莉丝也对新学校的生活相当期待，她是一个学习速度很快的孩子，喜欢研究学校里艰涩的课业，老师和家长也允许她自己安排其余的学习时间。艾莉丝也有一个同路上学的朋友，两人即将念同一所新学校。虽然不像凯蒂一样活泼好动和笑容可掬，但艾莉丝也深受同学和老师们的喜爱。大家觉得她认真细心，未来无可限量。她毫无困难地适应了新学校的生活，对学校课业充满热情，在学习上经常超出老师的要求。她的家庭也默默地给予她支持，家人认为能够独立地学习和思考是很重要的。

不幸的是，临近新年时，艾莉丝生病了，需要跟学校请假在家休养。一开始时，医生无法确定艾莉丝生的是什么病。她去医院做了许多检查，在等待进行检查的日子里，她觉得越来越不舒服，直到住进医院才发现是得了慢性肾病。出院回家后，艾莉丝仍有好几个月相当不舒服，且要定期复诊。她也不得不放弃了

第一学期的课程，于是老师布置了一些功课让她在家自学。艾莉丝开始画画和听音乐。朋友们会来家中探望她，但她仍相当虚弱。接待朋友们的探访也让她感觉很累，而且听到朋友们不停地谈论大家都在玩的游戏、参加的社团和学校的活动，让她感觉很难受。

新学期开始之后，艾莉丝相当渴望回到学校上课。她有信心补上错过的课业。然而，回去上课并不如想象的容易。艾莉丝在生病在家休养的那几周里变得较安静，也较严肃，而其他女孩都已经在学校的社交圈中找到了归属。艾莉丝与同学建立关系的过程变得相当困难，她觉得自己像是来晚了且多余的那一个。虽然在这个学期，艾莉丝渐渐恢复了健康，也因她的努力与聪明而赢得他人的尊敬并找到了好朋友，不过她仍有点像局外人，再也不像生病前那样有自信了。艾莉丝需要从自尊受到的创伤中慢慢恢复，不管在学业上有什么样的成就，她都需要好几年的时间才能够放松下来，不再担心疾病复发的问题。

这两个小女生对不幸事件的反应相当不同，也可以看出家庭和朋友对此的反应以及孩子固有的个性特质是如何影响其对挫折的反应的。

贴心小叮咛

不同的个性会引发不同的反应，因此每个人对不幸事故的反应不尽相同。

家庭变故对孩子的影响

梅瑞克是一个顺从的男孩，整体来说，大家认为他容易相处、聪明，野心不大。如果可能，在空闲的时候，他喜欢打电脑游戏或看足球比赛转播。像其他人一样，对于中学的生活是什么样子的，他有一些保留意见，因此当有机会去参观学校时，他相当高兴。梅瑞克不知道自己是否可以应付中学课业和记住所有的事情，但他仍很期待每周能有一天可以在大操场上踢足球。暑假时，梅瑞克和妹妹到国外的亲戚家度假，和叔叔婶婶以及表兄们共度了长长的假期。

在孩子离家度假时，梅瑞克的爸妈正在解决因生意失败所导致的财务危机。最后，梅瑞克的父亲为了解决危机，决定把房子卖掉，搬到小房子里。母亲为此十分伤心，因为她非常喜欢老房子，而且有许多好友都住在附近。当梅瑞克和妹妹度假回来时，发现父母正在家中收拾东西准备搬家，父母坚强地试着让孩子们放心。随着开学的日子临近，房子很快就被卖掉了，梅瑞克一家搬进了一间租来的公寓。爸妈担心这次搬家对孩子会有不好的影响，于是试着跟他们进行讨论，但梅瑞克相当生气，把所有的不开心都归咎于父亲。母亲又对梅瑞加重了父亲的愧疚和焦虑而气愤不已。好在梅瑞克可以从学校生活中得到慰藉，他很高兴离开那栋冰冷的房子。尽管对学校有热切的期待，且从朋友那里获得了暂时的解脱，但他也发现自己无法专心投入学校的课业。他像之前一样打混，直到期末前，老师和爸妈都没有注意到这个问题。期末考试的结果显示，梅瑞克几乎没有学到任何东西。老师非常不悦，而梅瑞克觉得突然加在自己身上的恶劣名声是莫大的侮辱。

所有人，甚至包括梅瑞克自己，都没发现学校生活无法转移他对家里状况的焦虑。爸妈的状态恢复得相当迅速，父亲也找到了新工作。因此，大家对梅瑞克的课业严重落后相当不解。父亲认为是他的态度不认真，没有全心投入学习。而这是这个年龄会普遍遇到的状况，长大一点，情况也会跟着改善。母亲原本也这样认为，直到老师提出了不同看法，因为梅瑞克的体育和数学成绩都相当不错。

只要有一点小麻烦，梅瑞克都会觉得很不自在。有段时间，他做任何事都感到非常紧张；更糟糕的是所有大人都关注着他，这让梅瑞克感觉更尴尬、更内疚了。外人无法想象他在这样的状况下所承受的焦虑，以及让他专注于外界或思考更多的事情，对他来说有多么难。英文课和历史课要求他利用想象力拼凑主观的细节，这对他来说太难以应付了。若是梅瑞克让自己思考这类事情，可能会唤起太多无法承受的回忆——关于以前的家和以往生活的记忆，而在原来的生活中，他是安全的。对梅瑞克来说，父母财务上的问题不幸地和他意识到了自己即将离开婴儿期和过往安全舒适的世界的关键时刻撞到了一起。

这些案例显示了这年龄的孩子充满压力，这可能是相当普遍的状况。家长和照顾者可能认为在青春期之前的这几年是相对单纯的，因为孩子还没有我们所认为的只有到青春期才会有的情绪波动。更换学校顺利与否在很大程度上取决于家庭文化、孩子的个性以及对学校与同伴团体的期待。家长仍然对孩子的生活有相当大的影响力，虽然在这个时期，父母的影响力已经不那么明显了。有时，父母会很惊讶地发现孩子的发展突飞猛进，因此要及时做出调整也没那么容易。

贴心小叮咛

学校生活和与同伴相处或许可以稍稍转移儿童关于家庭的注意力，得到暂时性的解脱，但对家庭的担忧焦虑依然没有解除，往往明显反映在学习成绩上。当父母发现孩子的成绩突然一落千丈或上课不专心时，就该找孩子聊一聊。

你喜欢学校吗？

玛丽的母亲很讨厌自己的中学时代。她以前是一个害羞的女孩，也是家里的独生女。第一天上学时，她就被开阔的操场以及高年级同学喧闹的行为吓到了。因此，当玛丽进入中学时，她希望帮助并保护玛丽免受那些惊吓。母亲和玛丽对即将面对的变化进行了许多讨论，在某些方面，这对玛丽有很大的帮助。为了迎接即将到来的新学期，她收集了许多新文具，买了新校服。然而，第一天开学时，她非常紧张，因此母亲请了半天假，把她送到校门口，确认一切顺利之后才离开。玛丽一整天都很沉默，之后的一周也是如此。事实上，她很高兴地发现实际状况比妈妈所描述的有趣许多，但母亲对于她的沉默相当担心，要求周五下午和班主任聊一聊。老师认为玛丽适应得不错，而且看起来与其他女同学们相处融洽。母亲认为老师可能不太清楚她会因为想要融入团体而隐藏自己的焦虑，因此两人同意再观察一周，下周五再进行讨论。

在接下来一周，玛丽的状况依旧。妈妈试着问她有关学校的生活，想要了解是否有任何事情让她担忧。她只是耸耸肩回答说一切都很好。老师也觉得玛丽看起来很喜欢学校生活，而且已经和另外几个比较安静的女生成了好朋友。最后，母亲只能放弃，很沮丧，也很担忧，却无可奈何。她想象着玛丽会越来越沉默寡言，学业落后，很快就会想要离开学校，放弃学业。

出乎意料甚至令人惊喜的是，几个月后，玛丽开始热切地讨论起学习西班牙语的想法，因为她非常喜欢法语课，因此希望多学一门语言。玛丽和她的朋友在年级当中是语言能力最好的，孩子们自己也很骄傲。母亲也慢慢放下了自己的讶异，了解到女儿遗传了父母的某些部分。妈妈对玛丽文静的个性有所担忧，想象女儿会像自己当年一样对学校生活感到畏惧。其实，玛丽比妈妈所以为的更放松、更有自信。只是她对母亲非常忠诚，因此觉得不太好意思和妈妈分享学校里发生的开心和有趣的事。

贴心小叮咛

父母会不自觉地将自身不好的经验和感受传递给孩子，造成庸人自扰的情况。其实孩子和父母都是独立的个体，想法、个性、经历都不一样，结果当然也不同。别担心，儿孙自有儿孙福。

虽然孩子们通常会遗传父母的个性，有时候几乎像一个模子刻出来的一样，但在许多地方也有相异之处。在这几年的发展当中，家长可能会非常困惑。之后，孩子想要维护个性和塑造自己的身份认同的愿望越来越明显，家长可能需要重新评估自己在孩子的发展中所扮演的角色。毋庸置疑，儿童时期的相关经验对家长从旁协助孩子发展能力也有很大的影响。

第六章

需要协助的时刻

因为即将从依赖他人迈向独立，所以这个时期让孩子非常困惑，不知所措。此时让孩子及时发现自己可以有一些弹性空间，既可以和父母有相同的想法，也可以跟他们不一样而有自己的想法，对孩子来说是非常宝贵的经验。

家长需要引导孩子表达自己的感受，以及懂得用沟通的方式与人互动。

若能默默审视孩子的想法并且借助过往经验，将非常有助于评估孩子的成长变化。

家长或照顾者若能持续关注并了解孩子，保有好奇心，可以在困难时支持他们，就能让他们放心。这是孩子的成长过程中最为宝贵的财富。

家长与照顾者可以帮助孩子在早期发展中获得沟通上的自信。这里所指的并非没经仔细思考就将感觉表达出来，而是鼓励孩子在家庭生活中用沟通的方式互动。这跟鼓励孩子去填补和跟上大人的对话有点不同。及时发现自己有一些空间，也发现有一些和父母与亲戚不同的想法，对孩子来说是可贵的财富。但若是导致孩子认为自己有权参与家中所有重要的讨论或思考，就没太大的帮助了。

对很多人而言，表达自己的感受并不是自然的举动，而且如何才能让孩子轻松说出自己的感觉呢？要如何知道孩子是否独自承受着焦虑或压力的困扰呢？家长或照顾者应结合在之前的10年里对孩子的全部了解，帮助自己找到答案。

总之，要知道孩子是否有不为人知的担忧或问题并列出某些评估标准是很困难的，但若默默审视孩子的想法，借助以往的经验，对于评估孩子的变化会是一项相当宝贵的指标。举例来说，有一个孩子一向很挑食，但在遇到重大改变或无法承受的压力时，挑食的情况会变得更严重；只有在觉得较能适应之后，挑食的行为才会回到原来的模式。对另一个孩子来说，

贴心小叮咛

默默审视孩子的想法并借助以往的经验，对评估孩子的改变来说，是一项相当宝贵的指标。

突然没胃口可能是一个重要指标。一个10—11岁的孩子已发展出了较多的处理问题的能力，遇到困难时，可能不会像小时候那样容易生气或不高兴。若发现孩子在情绪或想法上出现了持续的变化，就值得探究他们是否遭遇了新的压力。

帮助孩子成长

到目前为止，书里所有的描述和讨论都是关于10—11岁孩子与其家长和照顾者普遍存在的担忧。有时候，所遭遇的困境很寻常，却难以调适。到了这个年龄，这类困难可能已经成了更明显的问题，例如，有些孩子的学习能力发展迟缓，有些孩子难以和其他人建立关系。其实，较为复杂的需求很少第一次才出现。

10—11岁的孩子正迈向一条从儿童期通往青春期的小路。对家长而言，这可能是一段相当辛苦的时期。此外，孩子的个性深深影响着他们面对生活坎坷时的反应。对某些孩子来说，移民或丧亲是相当难过和痛苦的经历，但他们最终会振作起来，继续走完之前未走完的成长之路。而个性较为复杂和敏感的孩子可能很容易失去平衡。因此，要如何判断孩子是否需要进一步的帮助？若需要帮助，这是孩子持续的软弱或能力不足的信号吗？在这个年龄，许多外在因素交互冲击在孩子身上，因此孩子若在短时间内感到焦虑，或遇到了交友问题，其实都是很正常的。但如果在提供了支持或给予同理心与支持之后，孩子仍然持续沉默孤立、易怒或容易难过哀伤，那么换一个外部视角来看问题将很有帮助。举例来说，如同前面讨论过的案例，家庭环境没有任何明显的改变，也没有证据证明他在学校遇到了任何问题，但孩子就是没来由地不开心。此时，受过训练的专业人士不仅是拥有相关知识专家，也是家长可以寻求支持的对象，可以帮助家长尝试理解他们的孩子及其持续的忧虑或行为模式。

家有特殊儿童

近年来，对于儿童学习障碍的辨识取得了长足的进步。现在，绝大多数学校都会指派特定教职员评估和策划如何帮助需要帮助的孩子。然而，这样的教育架构自然着重于帮助儿童加强读写和算数能力，以便让孩子在之后通过考试。目前的教育方式并不适合某些孩子，原因相当复杂。其中通常包括对课堂上的要求有不同的感知能力和因此所联想的种种焦虑，这些常常会导致孩子在上课时不专心，或无法记住单词和数字。学习进度越落后，家长与孩子的焦虑也会越来越重。

如同孩子在其他方面的发展，家长或老师不太可能发现不了一个10—11岁的孩子在课业上的困难。偶尔，孩子们可以善用大量的资源且发挥小聪明，在不被发现的情况下解决所面临的困境。若是这样的状况，通常可以从单一课程去发现问题的端倪。

琵雅一直都很喜欢上学，不仅因为她是一个非常受欢迎的小女生，她还很喜欢听故事，对所有的人事物都十分好奇。当琵雅和同学开始学习认字并开始阅读时，她却饱受挫折，因为琵雅渴望能够好好看懂书中内容，并找出故事最后的结果。她尽力尝试，却仍然无法赶上其他同学的进度。不过，琵雅发现只要看懂每一段的最后一句，就可以猜到整段内容，甚至还可以回答老师的问题。发现用这个方式可以跟上同学的进度后，她松了一口气，问题出在她需要猜测漏掉的那一部分，让她没有时间好好把整段故事看完。一直到小学的最后一年，琵雅都应付得来，虽然她每天放学后都相当疲累和烦躁。偶然的一次小考，让琵雅的学习方式露了馅，她非常难过，又害怕爸妈和老师会非常生气，并对被同学发现自己是一个“笨蛋”而感到羞愧。

有时候，家长和照顾者本身就曾有学习上的障碍，却从来没有被发现，长期忍耐充满压力和不开心的在校的日子。因此，当别人发现自己的孩子有学习障碍时，家长难免会产生复杂的情绪。或者，他人使用的词句对家长而言太难受：学习障碍与特殊需求听起来像一种确定不会改变的评价和歧视，尤其是在从家族历史的角度上看，上一代和下一代的情况不一致时。

桑德拉的父亲是医药研究员，大部分时间都花在研究和撰写技术报告或学术报告上。她也跟随父亲的脚步，接受医学院的训练并成了医生，之后专攻与心血管相关的疾病。听到儿子修居然在学习数学上遇到困难，无法理解连续性的数字，她相当惊慌和气馁。在她看来，这个问题不该发生在自己孩子身上。因此，她和先生花了些时间才接受修在数学这一学科上需要额外的指导，才能让他继续留在私立学校就读。几年之后，让她更惊讶的是，其实自己在理解数理逻辑上也有困难，虽然她从来没发现自己在处理信息时有任何特殊的问题或障碍。

我们通常低估了不安的程度，甚至是丢脸羞愧的程度。孩子和家长都会需要一些帮助，就像从医生口中得知诊断，通常会导致几种情绪上的反应，从松了一口气到觉得丢脸和焦虑。就像儿童在其他方面的发展一样，若能够在问题浮上台面之前，了解孩子可能经历的焦虑和难过，对协助他们将有很大的帮助。倘若可以和对处理孩子的学习障碍有经验的专业人士进行讨论，更是难能可贵。有时，孩子会在学校与心理咨询师进行咨询会谈，教育心理老师都受过特殊的训练，可以评估和探索孩子们要如何在学习方面利用心理层面的能力。学校心理老师看过许多孩子和典型的发展过程，这些经验可以有效应用在有个别需要的孩子身上。这表示，若是提出要求，他们可以解释任何一种困难或障碍的本质，以及这些问题会如何影响孩子的整体思考能力和学习能力。通常，老师们之前已花了一段时间观察孩子了，并计划了如何帮助已经显露出某些征兆的孩子。这些征兆表示，孩子在学习上需要更特别的或量身定做的帮助。这些专业人员会将他们的观察与家长分享，以便获得更多的信息，或传达自己的关怀。

为什么跟别人不一样?

生来患有特定残疾或在发展过程当中出现身体残疾或心理障碍的孩子会需要特殊的支持。在这个年龄，这样的孩子大多已经获得了一定的帮助，比如上特殊学校或进行相关疗程。家长们可能会发现，决定是否接受某些帮助的过程相当困难，这让他们更加觉得自己的孩子不同于常人或是失能的。举例来说，选择让孩子就读特殊学校还是让他们留在主流教育体系的过程可能令人难受，且难以权衡。上述提及的与学习障碍相关的感受与疑虑也会发生在孩子有特殊需求的家长身上。家长和孩子的感受以及实际的生理或情绪障碍，都会深深影响这个年龄的儿童在主流教育体系里的适应情况，以及在社交生活中的应对情况。有些孩子可受惠于特殊学校所提供的小班教学，也会因为有更多人能够很快地理解自己的经历而过得比较开心，但有些孩子需要在与正常孩子的互动经验当中找到归属感与安全感。通过了解孩子的观点与个性，加上详细认识其所患有

贴心小叮咛

特殊生家长和特殊生的感受，和实际的生理或情绪障碍症状，都会深深影响这年龄的特殊儿童在主流教育体系里的适应，以及在社交生活上的应对。

贴心小叮咛

有些特殊孩子会受惠于特殊学校所提供的小班级教学，也会因为有更多人能够很快地理解自己的经历而过得比较开心。但有些特殊孩子需要在与正常孩子的互动经验当中找到归属感与安全感。通过了解孩子的观点与个性，加上详细认识其所患有的障碍，可以较清楚地知道如何帮助他们快乐地茁壮成长，或帮助他们发挥潜能。

的障碍，可以更容易找到帮助他们快乐地茁壮成长，或帮助他们发挥潜能的方法。有时，家长的直觉也是有帮助的，这是相当重要的环节，因为医疗人员或教育专家的涉入可能让家长觉得自己对孩子的了解不够，因而认为自己的建议或想法相对来说不那么重要。

爱我，就请帮帮我

除了因为生理或天生遗传因素导致的特殊需求之外，有时令人震惊的事件或无法想象的压力也会对我们造成冲击。就像对大人一样，这类事件引发的强烈感受所造成的影响也会导致10—11岁孩子的心理进入警觉状态。有些事件在之前的章节已经讨论过了，是在较为典型的家庭生活和较为合理的情况下发生的。有时，孩子们看起来似乎会陷入其中，无法从有缺陷的想法中解脱，因为害怕做噩梦而晚上无法入睡。有时，家庭成员之间的关系是恼人且无法沟通的。就像大人一样，孩子们也会有情绪低落的时候，或畏惧与他人互动。他们可能会有睡眠或饮食习惯上的困扰，甚至偶尔被情绪压力所奴役而伤害自己。若无法通过家长的关心或支持来帮助他们，家庭医生便会评估问题的严重性，并将孩子转介到合适的诊所进行治疗，可能包括小儿科医生的诊断，或与家庭治疗师会谈，或接受专业人士的帮助，这些人均接受过相关的训练，可以详细考虑孩子的问题，以及在必要时决定是否需要提供适当的治疗。

贴心小叮咛

除了因为生理或先天遗传因素导致的特殊需求之外，有时，令人震惊的事件或无法想象的压力也会对孩子造成冲击，例如，因为害怕做噩梦而晚上无法入睡、与家人的关系不好、无来由的情绪低落、畏惧与他人互动及严重的饮食问题等。如果问题长期持续，就需要寻求专业的帮助。

父母是孩子最宝贵的财富

在这个年龄，孩子正站在一个十字路口。两位数的年龄到来了，代表孩子们认知自己是一个独立的个体了，成长的迹象和时间的流逝更为明显。无论在何种情况下，或拥有哪种人格特质，孩子们无法不注意到那些无助的、需要依赖他人的和缺乏经验的日子已经所剩无几了。如本书中所讨论的，孩子们对于现实生活的反应、对自我以及所生存的世界的感受可能大不相同。但实话实说，11岁的儿童对自己所居住的世界的看法会受到家长或照顾者与他们的互动经验的影响。家长或照顾者会对孩子保持关注、了解和好奇，所拥有的丰富经验可以在困难时刻给孩子们支持，让他们安心，并成为他们的成长过程当中最宝贵的财富。

贴心小叮咛

身为家长或照顾者，请对孩子保持关注、了解和好奇，加上你所拥有的丰富经验，可以在困难时刻给予孩子们支持，让他们放心，成为他们的成长过程中最宝贵的财富。

——第二部分——

摆荡在冲突与迷惘中的大孩子

12—14岁青少年

玛戈特·华德尔（Margot Waddell）

引　言

对于12—14岁孩子来说，夹在失去了童年又尚未长大成人之间的这几年，是生命中最冲突、最困惑和最具挑战的日子。这时候的孩子游移在想被了解，与不想被了解之间。对于想要知道青少年到底在想什么的家长来说，这几年也是充满疑惑和挑战的时光。孩子在这个时期会拥有新朋友，性别特征快速发展，兴趣改变，认知能力也在提升。此时，是离开家庭并进入外面的花花世界的重要阶段。

这个转变过程会以多种形式呈现在生活中，需要全心全意去面对。这是一个充满焦虑、担忧和期待且对未知感到害怕与饱受威胁的时刻。这时候，生理发育极为迅速，远超过任何一个阶段，仅次于胚胎在子宫内的成长速度。与此同时，心智与情绪的成长也最迫切、最吃力。

大人之前给孩子们规定的界限会饱受挑战，从前的假设会遭到质疑，有些东西必然会失去。刚从小学毕业的12岁“儿童”正在新旧世界之间挣扎，经历着一段令人既害怕又兴奋的人生重要转折，既依赖着以往熟悉的事物，又对下一个陌生的生命阶段着迷。到14岁时，纵使这些“年轻人”尚未确定自己未来的方向或目标，也似乎已经抛弃了过往的幼稚，摇摇晃晃地迈向了一个复杂无比的个人世界与社交圈。这时占据他们心思的是“我是谁?”这一有关自我认同的议题。

一个有12岁儿子和14岁女儿的母亲对有相近年龄孩子的朋友说:“我得回家看孩子了，他们现在比小时候更需要我在身边，什么事都要跟我讨论。”对方说:“你很幸福，至少孩子还愿意跟你说话。我一点也不知道我的孩子们到底在想什么。我很担心，只能希望老天保佑他们平平安安、一切顺利。”

多数的家长都知道12—14岁的孩子们正以他们特殊的方式经历这巨变。对家长和孩子来说，适应这些变化的过程都是相当难熬的。父母或许较难发现在孩子经历这些过程时，自己也参与其中。许多家长会一路陪伴孩子成长。在此阶段，父母对子女的了解明显有助于孩子们感觉到安全与培养自尊，这比以往任何时候都重要。这些理解完全建立在父母持续质疑曾经知晓的一切、忍受自己有不知晓的东西、不断自我检讨并从过往的经验中学习的能力，尤其重要的是，容忍被拒于门外的感受——孩子表现出了抗拒、消极、剥削和欺骗的行为——父母只能暗中祈祷这些都只是孩子准备离巢展翅高飞前暂时的痛苦过程。身为14岁青少年的家长，感受到的情绪可能与12岁儿童的父母很不同——有时候觉得孤单，有时又觉得幸福与充实，但艰苦难熬是常态。爸妈们可能会发现自己与孩子之间既有新式的友谊，又有新的对抗。孩子似乎在不断测试家长的忍受极限，孩子们常有的反应是“我很爱你，但不是一直都喜欢你。”

要如何考虑所有的因素，了解其中的缘由呢？在目前这个阶段，这些思考和理解会更加困难、更为艰辛。本部分探讨了12—14岁儿童与青少年的社交行为、情绪与心理状态，考虑了他们进入青春期时的心理变化，包括对性别特征的焦虑和自我认同的问题。这些会反应在不同的友谊关系上，尤其是来自团体的友谊，以及学校和家庭生活对孩子的期望与要求上的变化。本部分也探讨了这个年龄的孩子在欲望、疑虑与热忱上的一般表现；以及不对劲时，家长与孩子可能遭遇的隐藏危机、压力和担忧，其中一项是这个族群呈现的自我伤害方式：吸毒、饮酒、自残、饮食失调和违法犯罪。要在认同和鼓励更多的自由以及保护自己免于恐惧的需求之间找到一个平衡点，是很难的，而这也是本部分着墨最多的方面。然而，尽管同样困扰孩子与家长的问题有很多，但若能充分了解可能发生在这个年龄的青少年身上的种种状况，就可以帮助家长们更愉快地与孩子相处，并为孩子提供适当帮助和支持。

第一章

孩子怎么变了

“我到底怎么了？”心理、生理构造或激素的作用让孩子无法掌控青春期的变化。

通常，女生会较早进入青春期，男生则较晚进入青春期。

进入青春期的女生开始有月经，胸部与阴毛发育，体型和轮廓快速变化，体重也会增加。

进入青春期的男生会迎来第一次射精经验，体型变得健壮，长出体毛和青春痘，声音也会变得不一样。

这些外在征兆通常会导致许多复杂的感受，并对家长产生渴望与反感，加上与外部世界进行社交互动的需求，孩子们必须迈出离开父母的第一步。

很多14岁的孩子会觉得12岁已是遥远的过去了，那时的自己和现在的自己几乎是完全不一样的人。若是请他们回想12岁时的自己，典型的描述有：

- 我12岁的时候需要24小时的全天照顾，我就像一个小孩。现在，大家把我当大人一样对待。
- 我那时候很喜欢待在家里做一些幼稚的事情，像玩电脑游戏。现在，我比较喜欢竞技类运动；跟朋友出去，随便去什么地方都好。
- 我以前很乖，现在会做一些让人生气的事情，比如乱发脾气、耍性子、自私、取笑别人和给别人起很难听的绰号。
- 我现在比较喜欢和朋友待在一起，而不是和家人待在一起。
- 我以前比较不会烦恼跟男生有关的事情，但现在会，而且比念书花的时间都长。
- 我之前需要有人照顾，现在我可以独立了。
- 12岁的时候，我活在面具下，想要生存下来。现在，我可以做我自己了。
- 我从前什么事情都会跟爸妈说，现在有任何事情都不想告诉他们，即使是很不重要的小事，我也不想跟他们说。
- 12岁时，如果我想吸引女生的注意，会很努力地表现，多以行动表示。但现在，我会和她们聊天，听她们想要说些什么。

- 以前，家人对我来说很重要，但突然之间，我不想跟他们有任何关系了。事实上，我宁愿他们都死掉。
- 那时候，我当然不想要一直都是12岁，我想要长大，可以穿魔术胸罩，在城里游荡，试着融入不同的地方。
- 我不再老是想要找我妈了。

从一个在情绪和生理上需要有人全天候照顾的孩子，变成一个忙着想要抛下“幼稚的东西”和“不再老是想要找妈妈”的青少年，这其中到底经历了怎样的变化？

12岁儿童的家长不难发现自己的孩子和以往（甚至是和几个月之前）不同了。父母们虽然能描述孩子们到底做了些什么事，却不太清楚他们为什么会做出这样的行为，例如：

- “她突然间开始穿超大件的毛衣／紧身衣／染头发／穿鼻环。”
- “他一天到晚都待在房里／都在照镜子／玩手机／看杂志／玩网络游戏。”
- “他再也不肯穿那件昂贵的外套了，可是几周前他还非常喜欢穿。”

“孩子们”可能和家长一样，不明白到底发生了什么事。他们只知道自己变得更易怒、更情绪化、更焦虑、更孤单、更容易兴奋、更容易害怕了，总之一点也不像“自己”了。在之后的章节中，我们会讨论孩子在家中、在学校里或在家和学校之外的世界中，对这种诡异状况的反应，以及所展现的模式。重要的是，要先了解在生理方面基本上会有哪些状况，之后再探讨青少年会利用哪些方式调整发生在身上的这些变化。

青春期身体的变化

孩子可能会好奇：“我到底怎么了？”他们无法掌控这个时期在生理上的变化。这些心理、生理构造或激素的变化共同构成了“青春期”。不同的个体的青春期发生的时间、速度和方式不尽相同。通常，女生会比较早进入青春期，男生较晚进入青春期。有些9岁的小女生就来月经初潮了，有些女生则要等到15岁或16岁。一般来说，最普遍开始进入青春期的时间约在12—14岁。无论是男生还是女生，在性征上都越来越像大人，虽然情感上不见得如此。女生们开始有月经，胸部与阴毛发育，体型和轮廓也快速变化，体重也常急速增加。她们会大量流汗，有体味，经常有莫名的疼痛和抽筋。男孩们会迎来第一次射精经验（通常一开始是梦遗）。他们一夕之间快速长大，体格强健，长出体毛和青春痘，声音也不一样了，会大量流汗并有体味，陌生的生理状况会让他们变得笨拙且不灵活。

这些都是外在的征兆，适应这些情感与行为特征的变化过程便是“青春期”。对这些外在征兆变化的反应，通常不容易直接表达，也能引发许多不同的感受——从完全不承认，到感到困惑，接着是担心害怕，后来才慢慢开始了解，放下心来并松了一口气，最后也会感到庆幸开心。只是这些感受会混杂在一起：既骄傲又厌恶，既兴奋又担心，最重要的是自我意识越来越强。

贴心小叮咛

随着青春期生理的变化，此阶段的孩子的情绪也一波三折，从否认到困惑，接着是担心害怕，后来才慢慢开始了解，放下心来并松了一口气，最后也会感到庆幸开心——自己终于长大了。

少男少女的焦虑

爸爸们通常对这些反应了解得较少，而妈妈们比较能够明白女儿担心的是什么。即便如此，孩子在晚上睡觉前仍会对自己担忧的事情提出疑问，例如：“乳头一边大一边小是正常的吗？”“我的胸部一边有硬块，另一边没有，我会不会得了癌症？”这些疑惑仅是冰山一角，仅是她们觉得疑惑、困扰、烦恼、需要比较和难以理解的一小部分而已。

这年龄对生命中所谓事实的理解并不代表他们真的能够了解正发生在自己身上的状况。家长觉得老师或自己应该能清楚地向孩子们解释所有与性发育、性交以及生育相关的所有细节。但这些对事实的解释与孩子们生理上正在发生的变化和与性别相关的感受完全是两码事。且和世上最重要及最有趣的人物——也就是他们自己——所关心的问题也全然不同。

- “崔西说如果月经来了就不能去游泳了。”
- “如果自慰的话，是不是表示你就不能生小孩了？”
- “苏珊说如果月经来时是深咖啡色的，就表示以后不能生小孩了？”

很多妈妈对以上这些女孩的疑问并不陌生。而男生则不太会公开讨论这些事情。但无论如何，青少年都会突然开始把弟弟妹妹赶出浴室，并把门锁上。他们会希望吃些较健康的食物，开始追逐流行潮流，会问一些让人始料未及的问题：“麦片对我有好处吗？”“吃薯片会不会长痘痘？”不想去游泳的理由不再是因为讨厌消毒水的味道，而是因为自己长满痘痘的背部，或是“妈，其他人都没有割包皮”，或是“大家都有阴毛了，只有我没有”。有时，这些问题并不常见，仅是在洗澡时才会问出的心中烦恼，他们可能突然很难过地说出“我不像其他人一样高”，就好像这是一道难解的数学习题。有些男孩会和父母讨论为什么勃起的阴茎在睡觉时似乎缩小了，但大多数男孩偏好其他的信息管道，如从电影、书本、网络、同龄人甚至是和年长一些的男生的闲聊中了解一二。

> **贴心小叮咛**
>
> 爸妈和老师所告知的性知识和青春期孩子所经历的变化和感受，经常是两码事。他们想的和担心的事往往超乎大人的理解范围，例如："自慰的话，是不是就不能生小孩了？"

家长的处理方式

以上所引述的说法代表了许多孩子所意识到的担忧。家长们可能只听到了其中的一部分，并且必须在问题出现时，做好应对及倾听的准备。重要的是，若孩子没有主动谈论所担心的问题，爸妈就不能追问细节或太好奇。保持尊重的距离，但并非完全不感兴趣，是十分必要的。特别是对男生，他们可能愿意描述发生了什么事情，至于他们是否准备

> **贴心小叮咛**
>
> 若孩子没有主动想谈论所担心的问题，爸妈就不要追问细节或太好奇。保持尊重的距离，但并非完全不感兴趣，是十分必要的，特别是对男生。

好讨论这类议题了，要看场合是否合适。

对于青春期初期萌生的这些新问题，许多青少年不再觉得父母是提供解答的适合对象，他们给出理由时通常会带着点轻视的意味：“他们会太尴尬。”“反正他们也不知道答案。”或展现出脆弱的一面：“他们可能会笑我。”实际上，让父母与青少年的个人生活渐行渐远的原因是很复杂的，属于另外一种层次，隐藏于刚刚所讨论的比较可以意识到的担忧之后。这个时期的激素与生理化学变化所带来的生理成长与发育也会重新引发热切的情绪与冲动，基本上是关于爱与恨的。这两种感受是孩子们在婴儿期和幼儿期与家长之间的典型关系。我们常能听到13岁儿童的家长绝望地喊着：“拜托不要再那么幼稚了！”这样的抱怨或许比我们所能意识的情况更为准确。

青春期早期在心理层面的变化会唤起一种困惑感，主要是对家长产生的渴望与反感，这种感受对孩子和家长来说都相当强烈。其强烈程度事实上是因为这样的激情在现在尤其危险，对青少年来说，特别难以掌控。现在生理上的成熟程度严格来说可以让他们了解这样的渴望，以及将反感的情绪以行动来展现出来。因与外部世界进行社交互动的需求，孩子们必须离开父母，离开他们最初热爱与憎恨的对象，最后能够在家庭以外的亲密关系当中找到取代父母的人。

对于来自单亲家庭或父母离异的孩子而言，受激素主导的冲动和欲望可能会引来麻烦。与拥有双亲的家庭相比，分离所必经的过程有时会以较激烈的对抗方式呈现。若其中一位家长已有了新的伴侣，孩子会因此明了大人之间的性关系，这会使状况更为复杂。下面一章会更加详细地探讨这方面的情况。

第二章

身体的秘密

生理上的变化意味着性征是关注的重点，青春期的孩子此时有了全新的性别认识，这样的经验令他们既害怕又兴奋。

性好奇、性冲动和性焦虑会强烈地影响青少年与他人的关系。

许多早期潜意识里的恐惧与幻想会再次苏醒，少男少女开始在某种程度上认同另一个性别，且常在激烈的爱和恨之间摆荡，这正是这个年龄的特色。

父母能够做到的就是让孩子知道自己会在他们身边，帮助他们了解即将面临哪些重大的煎熬，提供支持，且尊重他们到目前为止所能够做到的一切。

大体而言，青春期在生理上的变化意味着性征是无法避免的关注重点，集聚了所有的关注与重要性。虽然，在某种意义上，人一出生就有性别，但12—14岁的孩子认为此时的自己又有了全新的性别，这样的经验多数时候是令人害怕的，偶尔才是令人兴奋的。性好奇、性冲动和性焦虑前所未有地强烈影响并刺激着青少年与自己、与家长、与朋友、与同伴团体之间的关系。通常，父母过往和现今的对于自身性经验的复杂感受，以及可以理解的想让青少年子女远离性传播疾病和早早怀孕的担忧，会让家长难以用一种有帮助的态度对待都正处于青春期的孩子。

在这个年龄，男生和女生的性经验有些相似之处，但也有相当重要的差异。举例而言，两者都挣扎着想确认自己男性化与女性化的一面。这样的挣扎在小的时候就出现过了，但随着青春期的来临，对这个议题的处理变得更急迫了，因为考虑实际的性伴侣以及建立对本身性别的确切感都关系到建立性别认同的需要。男生和女生都需要放下与父母之间的那份曾是一切中心的特别的关系。但从一个较为原始的层级来看，孩子们需要再一次处理早期与母亲的关系。再次唤起融为一体的幸福感与粗暴叛逆的感觉——有时指向妈妈自身或她与丈夫的伴侣关系，有时则是指向孩子潜意识幻想中的其他类似父母的人物。

许多早期潜意识里的恐惧与幻想在这个时期会再次苏醒，而且是以做梦的方式呈现的，而非出现在有意识的思维当中。探讨此类主题的电影通常会让这个阶段的孩子特别着迷。此外，青少年也会突然做出始料未及的或不寻常的行为——通常被称为“行动化”。之后，这些行为就像他们关心的其他问题一般，往往会让他们困惑不已、心情沮丧。

男孩主要的担忧通常是被困在一个糟糕的位置上，被限制住、牵绊住，失去自己的阴茎甚至失去心智。女孩则担心被某种可怕的事物侵犯或占有，严重破坏她之后的生育能力。少男少女也会在一定程度上认同另一个性别，而这样的幻想和担忧是男女共有的，且相当普遍。常在激烈的热爱和憎恨之间摆荡是这个年龄的特征。此时，主要的矛盾之一便是如何在这两种相当不同的冲动与感受之间取得平衡，获得较为整合的自我意识。

抚摸自己的身体

对很多12—14岁的孩子来说，释放这些压力的管道之一是自慰——抚摸自己的身体，尤其是阴茎，而得到性欢愉的感受。然而，所引起的罪恶感与其说跟自慰行为本身有关，不如说跟性幻想的内容有关。这个年龄对性的想法通常有较具侵略性的、可怕的、邪恶的一面，青少年们对此并不熟悉，因此觉得困扰。此时的青少年正在心中进行实验，由这一阶段所产生的激素变化主导，而这也成了难以表述的冲突之一。这样的经验既令人担心，又让人心满意足。

自慰通常也让家长很困扰——或许他们已经忘记或不希望想起自己当初在这个年龄时的感受。在他们那个时代，自慰或许是被禁止的，而禁止自慰的时代已经过去了，大致来说，自慰如今被视为青春期初期的正常现象。然而，家长们就是忍不住担心，孩子会不会把自慰当作取代与他人进行真实的肉体接触的方式之一——代替因受到吸引和喜爱对方，以及因欲望与渴求对方，而想要拥有的肢体接触。当青少年放纵于频繁的自慰行为，而在现实生活中没有与他人建立任何关系时，的确需要鼓励他们勇于冒险尝试，多认识其他真实的人物，而非想象中的角色。只有家长才会知道（通常是仰赖“直觉”）在什么时候需要担心，例如当孩子开始沉溺于网络，而非以各种有意义的方式与真实人物建立情感“联结”时。相同的，只有父母才知道孩子会对哪一本书或杂志、哪一部电影或者哪一个网站感兴趣，且从容应付；他们对这些素材感兴趣的程度会不会让他们冲动，最后发展到难以收拾的地步，

贴心小叮咛

自慰被视为青春期初期的正常现象。然而，当青少年们放纵于频繁的自慰行为，而在现实生活中却没有与他人建立起任何关系时，则需要鼓励他们多认识其他真实的人物，而非想象中的角色。

例如，性欲带来的兴奋感可能会变成各式各样陌生的冲动或焦虑：像是对遗弃、冲突、拒绝、罪恶感、孤立无援、鲁莽轻率甚至是残酷的害怕感受。追求这些感官刺激可能是一种征兆，表示孩子不知道这些令人痛苦的情感问题是需要被认识而不能一味回避的。

很不幸，家长通常无从了解青少年所面对的情况，无论是孩子自己造成的，还是朋友及其他年龄较长的青少年让他们面临的情况。比如，今天早上孩子到底从网络上下载了什么东西，他们在“聊天室”里到底都谈了些什么，这些都会使父母产生合理的不安。这个年龄段的孩子的父母会很敏锐地感受到最新的科技带来的利与弊。

尽管有担忧和疑惑，需要铭记于心的是，青少年普遍感兴趣的与性有关的举动虽然在家长看来似乎过分露骨或堕落，但也有其积极的方面，应该得到理解，而非一味谴责。刚步入青少年期的孩子就像所有人一样，都有一些反常的想法和兴趣，也有某种程度想要偷窥的好奇心。当发现他人也像自己一样，满脑子都是这样的想法并会表现出来时，会让他们大大地松一口气。若在他们真的尝试之前，有机会“预演”某些幻想，如在电影里看过或在青少年杂志上读到过有关做爱的介绍，青少年会有一定的安心之感。很多年轻人，尤其是女性表示，自己当年之所以那么渴望搜罗有关性的信息，大多是想要自学有关性的知识，而非对这件事本身有兴趣。少女杂志里让人浮想联翩的文字大多是为了分享少女情怀和给出一些有用的指导，并非与实际的行为有关，虽然难免被有些女人认为有点“赤裸裸”。但就像一个15岁的女生说的：“我们只是想多认识一些人，顶多就只会接吻而已，真的！”

如果家长这一方过于保护或否认这一切，在某种程度上会让实际的发展变得更难。孩子将无法在任何幻想中针对这些令人兴奋、恐惧且充满矛盾的感受进行测试。青少年在幻想中不用承担任何责任，就可以体验这些过于刺激和兴奋的感受——尤其是有关暴力和堕落的部分——这些都可能引起相当程度的罪恶感与情色带来的兴奋感。很少有青少年可以和父母讨论这些事情。爸爸有时可以利用“黄色笑话”试着和儿子分享，但通常都会觉得有点不恰当或尴尬。妈妈可能会较深入地和孩子讨论这部分感受。但是可以想象，大多数情况是，尽管备受关注，但亲子之间很少分享这方面的事情，而且这极易导致青少年心神不宁，没有征兆地乱发脾气、兴致高昂或退缩。对父母而言，要不过度追问细节，又不东禁西禁，同时非常关注孩子，真是一件很难完成的任务。要做到不带任何评判地倾听孩子的心声，对父母来说很难。

严格来说，了解生活的实际面一点也不会减少青少年对性的强烈好奇，尤其是它在成人世界中所扮演的角色。少男少女对成人的性行为同样感兴趣，且探索与想象的对象通常是其他人，如学校老师的个人生活或哥哥姐姐的恋爱史。孩子们一般不会想知道爸妈之间也有性行为。13岁的劳拉与一群同龄的朋友谈到她相信爸妈在生了自己之后就再也没有“做过”了，有些人也附和着：“我爸妈也没有。”其中一个人问：“那怎么会有你妹妹呢？”劳拉回答说：“嗯……可能又做过一次吧！”几周之后，当爸妈告诉劳拉他们决定再生一个孩子时，她十分震惊。除了可以理解的对新生儿的嫉妒之外，劳拉在面对成人的性行为这一活生生的事实时，感觉非常不自在。这件事的主角不是别人，正是自己的爸妈，这是相当令人难堪的。

当孩子的重心逐渐从父母身上转移到其他事物上时，家长很容易低估孩子在这一过程中所产生的失落感。在某种程度上，孩子的自尊建立在从小对父母的尊重以及父母对自己的尊重之上。在这个年龄，这种尊重普遍被大幅削弱，因而青少年的自我价值也明显降低——很多青少年形容这就是感觉空虚的原因之一。尽管自己的任性招来了父母的批评，但孩子仍暗地里渴望获得崇拜和敬重。13岁的梅根清楚地表现出了这一矛盾：她看着自己身上的文身和脐环，忧虑地说自己多么希望可以做出一点成绩，好让妈妈“肯定”自己。

虽然在这个转变过程当中，有些限制已被解禁，但青少年仍在有些方面受制于人，因而导致青少年将全副心思放在自己身上。无论是对自我的贬低还是强化，青少年眼中的“自己”是他们最感兴趣的。一位男校的老师是这样形容“12岁的小男生”那副“神气活现”的样子的：成长的速度很快，讲起脏话来就像平常说话那样自然。

难以启齿的性幻想

这个时期，也是尤其强调两性差异的时期。第一，女生最后的性伴侣极可能是与妈妈不同性别的对象，男生则会寻找与妈妈同性别的对象。第二，因身体构造与生理体验的不同，男生比同龄女生更清楚自己对性欲的渴望、感受及表现方式。第三，文化因素对男生和女生也有很大影响，比如身为女生应该怎么样，以及对女性化的期待；男生也一样。

对女生来说，与母亲之间的纽带有所松动，对于和其他女生建立亲密友谊的需要非常强烈。她们通常会将年龄较大的女生或年轻女性视为偶像和女性榜样，并以她们取代之前的崇拜对象。另外，她们也会被“大姐大”或更有魅力的女生吸引，且相当重视这类女孩的看法，并会效仿她们从事的活动。

我们必须谨记在心，母亲不仅会给予关爱，也会让孩子感到生气和挫败。整体而言，如果与母亲的关系一直都不错，那么尤其是在月经初潮之后，女孩会更容易放下对母亲的依赖，用一种更成熟、更女性化的方式展示自己可以像母亲一样。然而在这个阶段，很多妈妈会感到相当沮丧，因为她们觉得女儿的态度出人意料地消极。若之前的母女关系并不是很和谐，这种敌意和轻蔑的拒绝可能会伴随一定程度的残忍，因为青春期的女儿必须寻找新的依恋对象，且抗拒对母亲的依恋。换句话说，她想紧抓住自己仍然需要的某些东西，或在某种程度上而言，是自己未曾获得满足的需求。同时，她也发现自己对这种黏糊糊的需求感到愤怒和不满，并再次突然之间让自己生生地脱离开。许多母亲在遭受了女儿的言语甚至肢体虐待后，才很惊讶地发现从小疼爱的女儿居然就这么毫无预警地变成了一个恶魔。

尽管时而犹豫不决，但母女关系的复杂变化往往会让女生更倾向于在情感上寻求与其他女生紧密的连接，而男生及其同伴们则不会有如此紧密的情感联系。而在令人痛苦的现实生活中不难发现，这一年龄的女孩如何恶劣地对待其他的女生们，又如何排除他人而形成小圈圈，占据她们心思的是如同连续剧般每天上演的变节与背叛的情节，欺负他人与被欺凌的经验是如此微妙且难以捉摸，这样的情况相当普遍。她们对朋友有许多要求：彼此相似、有复原力、忠诚，且通常要排他；伙伴关系不能为人所知，或许还有着与性相关的内容，为其添加一丝刺激与情欲的色彩；分享彼此的幻想，通常是有关男孩的，或想象中的大人之间的性关系。这一切都让她们感到安慰，且有助于她们感受自己

贴心小叮咛

这年龄的女孩会否定自己的母亲，男孩则开始与妈妈保持距离，甚至避免肢体上的碰触，这是他们独立的前兆，他们正在调整与家人的关系。父母务必多一些包容和体谅。

是“正常的”。女孩们会在彼此身上发现一些特质，以确认自己是什么样的人，或试着表示自己希望成为什么样的人。与其他女生的关系，与老师的关系，或是与幻想中的自己和超模或歌星之间的关系，都包含着来自母女之间的原始纽带之中的元素，不过也都保持着一定的安全距离。

我们会在本部分第四章探讨青春期初期的团体的性质与重要性，这里需要先建立一个关联性：一是女儿与母亲之间独特的爱恨关系；二是由于女儿此时一门心思地想要和妈妈不同，也让女孩对性产生了莫大的兴趣。

因此大致而言，青春期女生的内在世界其实是由其他女性所主导的。这是一个充满情欲的阶段：男孩相当令人兴奋、着迷，但也得对他们表现得不屑一顾，偶尔可以跟他们“约会”或“亲吻拥抱”，但大部分时间都是跟其他女生一起讨论、胡思乱想或幻想男生。总有不间断的耳语讨论谁和谁“做了”，以及“那个”的时候是什么感觉，以及“实际上”性到底是什么东西。18岁的克莱尔很清楚地描述了自己14岁时的心情：

> 我觉得很悲惨，要么就是所有事情都令我很生气，要么就是讨厌自己。写日记有点帮助，不过最后让情况改变的是我认识了埃米莉。我们做什么事情都在一起，会把自己的秘密、幻想、担心害怕及不会告诉其他人的事情都告诉对方。我们无论去哪儿都在一起，会睡同一张床。我相

信那时候自己是真的爱上她了，但不是男女生之间的那种爱情。她让我的世界变得截然不同，有时我甚至觉得自己那时或许像她一样漂亮，只是我自己看不到而已。我们还有一群朋友，这也很重要，但最亲密的友情只存在于最好的朋友之间，也就是在我和埃米莉之间。

就像克莱尔所说的，这个经验主要不是跟情欲有关的，但这段关系当中难免存在与性相关的因素。通常会带些热切的渴望，例如，想要比较乳房的大小而触摸对方的胸部。女生常会想着其他女生；着迷于女同性恋的关系是什么样子，偶尔也会“假装”自己是女同性恋——在某些同伴团体当中，这是相当“酷”的。

性这件事情对男孩来说没那么神秘，因为他们已经有了勃起的经验。他们一点也不会好奇性欲的感受是什么，或者会由身体哪个部分来感受这份经验。男生同伴团体之间的关系也很紧密，跟女生一样。就某种意义而言，他们的团体通常也是由相似的个体组成的。同样的，团体能提供安心感，鹤立鸡群和与众不同会让人觉得很可怕。男孩的焦虑和女生不一样。对某些男生来说，权力和成绩表现可能非常重要；但对其他男生而言，到目前看起来明显更占优势的女生的世界中去冒险似乎是遥不可及的，也害怕被女生的同伴们阉割，因此会退缩回男生数量较多的团体里。

在另一方面，因放手而失去儿童时期与母亲的紧密纽带，自我认同感也随之丧失，当男孩身处在都是男孩的环境中时，自我认同感的丧失会稍微减少一些。然而，对他们来说，在失去母亲的同时，也需放弃自己个性中较为女性化的一面，因为他们觉得若想要充满自信地和其他年龄较大的男孩相处，就必须放弃这一面的自己。这样的想法通常会导致过于夸张可笑的男性行为，而且在团体中会特别明显——就像一个男校老师所描述的，男生的那种“爱现”的样子配上变声期怪怪的音调，以及像一个12岁男孩说的，改变就在“你的裤头要拉多低”上面。

男男恋或女女爱

以上描述的夸张的男性特有的行为，或许是对成为同性恋者的焦虑，是这个年龄的男孩以及男性团体中典型的特征。在多数少男少女们试着厘清自己的渴望和欲望时，会产生与同性相恋的感觉，甚至有少数人真的尝试了同性恋情。确立性取向是形成自我意识的一个基本要素，这样的实验是很重要的。虽然在主流文化的价值观中，这样的行为可能导致害怕、内疚、苦恼或某种虚张声势，然而我们应该将这样的实验视为正常发展的过程之一。是否对同性恋感到困扰，或困扰的程度如何，与家庭的态度和文化都有很大的关系。这个时期的青少年本来就不确定自己会受到哪一种性别的吸引，因此不能低估这种焦虑的影响。

关于这样的现象，14岁的约翰的故事是一个相当明显而极端的例子。约翰和爸爸的感情一直都很好，直到他12岁时父母离异。之后，身为长子的约翰开始支持妈妈，帮忙照顾四个弟弟妹妹。约翰过了14岁生日后不久，学校老师开始担心他缺席次数太多，并从他母亲口中得知他最近对妈妈的态度变得异常粗鲁无礼且不配合。他的脾气暴躁，而且满脑子担心自己会不会成为同性恋者。在实际生活当中，约翰还经常担心是否关好了家中的各种开关及设备，尤其是水龙头以及门窗。

和学校咨询老师会谈了几次之后，约翰慢慢了解到，尽管自己很讨厌会变成同性恋的这个想法，但相较于对母亲身体的欲望，成为同性恋的想法没有那么可怕。约翰第一次感受到这样的欲望是在父亲离开后不久，他看见餐厅服务生轻浮地摸妈妈的臀部，这让他既嫉妒又愤怒。约翰对母亲的愤怒让自己痛苦地想要远离妈妈，克制对她表达出热烈的情感，并会通过言语抨击妈妈，好让自己在心里不这么渴望她。约翰想要关上家中的各种设备的行为或许代表自己对无法掌控情绪的恐惧，更明确地说，是担心自己无法控制射精行为。

在了解了部分原因及完成了咨询治疗之后，约翰便能够将这样的感觉转移到更为适当的对象上——吸引他的同龄女孩。其他的担忧也变得比较好处理了。在这个案例当中，约翰的父母已经离婚，因此父亲不会在这一过程当中维护自己的婚姻权利，进而制止儿子不伦的想法。对约翰来说，爸爸并没有在情绪上为他提供任何支持。父亲遗弃了这个家庭，让约翰对他产生了愤怒与幻灭，于是他认定父亲是一个失败者，且引以为耻。因为愤怒、忧虑与恨意，约翰将所有的过错都归咎于父亲。从某种程度上来说，这样的指责是可以理解的。但亲子之间的冲突本来就是一个常见的问题，加上约翰的父母在婚姻上遭遇了困难，这让约翰在处理这样的问题时感到更加艰难。就像其他人一样，约翰从婴儿期就不容易认同父亲的优越地位，因为爸爸霸占了妈妈身边的位置，而这个位子正是他所渴望的。现在出现的再度拥有妈妈的机会，引发了他早期的罪恶感与焦虑，而这样的感受让他觉得很困扰且无法承受。

贴心小叮咛

青春期的孩子会担忧自己是不是同性恋者，这是这一时期“正常”的发展之一。父母不要大惊小怪，但也不要过度漠视，可以用自然开放的态度聆听孩子的忧虑，适时地给予支持与帮助。

杰克很清楚地记得自己因与同性恋者做朋友而在同龄群体中受到的歧视，以及当时母亲给予的支持与理解。他描述了自己在14岁时，除了在学校足球队和周日足球联赛中“跟哥儿们鬼混”外，在“交友”方面所遭遇的社交困难。就如同他所说的，这跟亲密关系完全无关。

14岁的时候，我开始跟女生们“做朋友”，不只是“出去约会”而已。我也和一个比较娘的男生往来，其他人都认为他是同性恋。但事实上，他比其他人有趣多了。小伙子们在这个年龄对于和自己不同的人很残忍，他们不再跟我说话了，就因为我是同性恋者的朋友。如果当时我不跟这个人做朋友了，或许会好过一点，而这让我很难受。幸运的是，我妈妈很棒，她说：“你应该继续跟他做朋友，不要管其他人怎么讲。”妈妈当时对我的影响很大，我觉得她总是把一切都看在眼里，且从来都不会忽略任何细节。

虽然是通过不同的方式，但约翰和杰克的痛苦经验让他们对自己和这个世界有了更多的了解。从表面上看，这个时期亟须他人的关注，生怕自己被排挤，或被当作“书呆子”或“无趣的人”。此时，尝试成为一个同性恋者似乎可以变得很特别，或是和其他人不一样。琳达描述了以前读女校的时候，要成为女同性恋者是一件很大胆的事情，但对于十三四岁的孩子而言，否认这样的性别认同更多的是在营造自我的形象，与其日后建立的自我认同并不太相关。相同地，尽管这个年龄段的男孩普遍排斥同性恋，但有些孩子仍然会去尝试——同样地，也是想因某种夸张或特殊而赢得声誉。

对同性恋较为深层的隐忧仍然是非常私密的，大多数家长对其带给孩子的困扰了解得并不多。有些迹象可能说明了孩子的担忧，例如，用与同性恋有关的词句来欺负他人，这或许表示了对性取向的焦虑，并让人迅速、残忍且极具防御性地认为“谁是同性恋都可以，只要我不是就好”。然而，这样的防御可能跟青少年的信念有关。他们不知道如果父母知道或怀疑自己是同性恋，会不会被吓到、愤怒、绝望或抗拒。这种误解常常让孩子的焦虑感和孤单感大大增加，带来了许多不必要的痛苦与隐瞒。家长应该让孩子诚实地做自己，即使是成为和爸妈完全不同的样子。

贴心小叮咛

家长对孩子有一项基本的责任，就是让孩子诚实地面对自己，做自己想成为的人，即使成为和爸妈完全不同的人也没关系。

是真爱还是性爱

因为青春期生理上的改变所引起的感受很强大且完全陌生，因此令人感到诡异和焦虑。对性的关注也令人担忧，因为这些都来自潜意识且存在于非常早期的经验中，无法用一般的方式来思量。这种隐忧或许可以解释一部分对某些仍无法确认或无以名状之事物的罪恶感和羞愧感，这在这个年龄是很常见的。

12—14岁的孩子并不知道自己到底为了什么感到如此羞愧或罪恶。也没有具体的答案，因为这个答案可能隐藏在未知的欲望与愤怒当中。

年幼时，孩子们会觉得无论是哪里出了差错，都是自己造成的，而且光是想到某件事情，就如付诸行动了一样，而这样的想法所引发的焦虑常常因青春期初期的性冲动与攻击冲动被再度唤醒且被增强。回想起这段日子，19岁的乔安娜给出了完美的描述：

贴心小叮咛

年幼的孩子们会觉得无论是哪里出了差错都是自己造成的，而且光是想想某件事情，都如同付诸行动了一样，而这样的想法所引发的焦虑常常会因青春期初期的性冲动与攻击冲动被再度唤醒且被增强。

一切都很可怕，我觉得“我要发疯了”，而且“这都是我的错”。但又觉得“不，这都是我爸的错”，但“无论是哪一种都很可怕”。不管什么时候，我都觉得没有人了解我——对所发生的事情，不是很生气，就是恨我自己，或是觉得很害怕。我一辈子都会这样吗？我不愿意承认自己的身体有了变化，同时又觉得有些人很性感，这样是不是有什么不对劲，我感到非常痛苦。

乔安娜的爸妈很关心和怜爱女儿，自认为很开明、很体谅。但他们也面对着许多父母会经历的过程：觉得自己所树立的榜样似乎再也帮不到孩子了。

在这个年龄，青少年会以各种各样的方式结群并做出激烈的行为，青少年寻求的是父母所代表的典型性别角色之外的另一种身份认同。女孩会费尽心思地找到一个不只散发母性光辉或性感风采的正面的身份认同。对男孩们来说，常见的男性刻板印象可能不仅令人信服且充满情绪，也与他们自己更温柔、更富同情心的感觉格格不入。在12—14岁，特别是在性方面，无论是男生还是女生，都承受着莫大的内外压力。很多人形容这样巨大的压力是“从来不觉得可以做自己”“同时朝不同的方向推挤拉扯”“必须把自己伪装起来”“好像活在一个虚幻的世界里，没有人能够了解自己，甚至连自己都不了解自己，而且大多数时候都觉得孤单绝望”。

对父母而言，知道孩子承受着这样的压力但无法脱身，通常令人很难以承受。我们能够做到的最好的程度，是让孩子知道我们会在他们身边，帮助他们了解即将面临哪些重大的煎熬，提供支持并尊重他们到目前为止所做到的一切。

第三章

学校生活的艰难

12—14岁青少年正处于过渡期，生活由已知和熟悉的模式转变成一个全新且陌生的模式。

家长发现自己越来越少参与孩子的学校生活了，似乎完全被排除在外，再也不清楚孩子在学校里过得如何，或是孩子每天的生活当中发生了哪些事情。

父母可能知道12岁的孩子承受着某些压力，却不知道缘由，也不知道要如何帮助他们。

这种凡事无法预料的无力感对家长来说是“无法忍受的”，这会让他们做出不寻常的干预举措，若能多一些自觉，对亲子关系何妨不是正面的考验。

小学和中学的分水岭

多数12—14岁的孩子比较喜欢和朋友在一起。这几年，他们正处在过渡期，由已知和熟悉的生活模式转变成全新且陌生的模式：从小学升入中学，又从中学的低年级升入高年级。整体来说，家长会发现自己越来越少参与孩子的学校生活了，不像之前那样可以到学校接孩子，送他们进学校，还能和老师稍微聊聊。现在，爸妈觉得自己被排除在孩子的学校生活之外，再也不清楚孩子在学校里过得如何，或孩子每天的生活中发生了哪些事情。

家长现在只知道老师的名字，却不认得他们，这种结果无论是因为有明文规定还是约定俗成，都让人非常困惑；爸妈不再了解孩子的焦虑及其原因。父母可能知道12岁的孩子承受着某些压力，却不知道原因，也不知要如何帮助孩子。更重要的是，爸妈不再处于可给孩子提供重要帮助的位置上。在小学和中学分水岭的前后，差异比我们所预期的大得多。凡事无法预料的无力感对家长来说相当具有挑战性，尤其对母亲而言，妈妈常会觉得这种被排除在外的感觉非常“难以忍受”，因而可能做出不寻常的干预行为。有一位母亲是这样描述被排除在外的痛苦感受的：

> 我以前从来不认为自己会做出这样恶劣的事情，但我真的开始偷看凯蒂的日记了，而且被其中的讯息给吓坏了。我不知道她在想什么，当她发现我偷看她日记时，我们俩大吵了一架。她对我大吼说恨我，再也不相信我了。

这个母亲在日记里发现女儿承受着极大的压力，且非常困惑。凯蒂与一个大她很多的男孩发生了关系，但她觉得对方只是在“利用”她，因此常会在手臂或大腿上自残，想以此摆脱无法忍受的、说不出口的、不能向别人倾诉的压力。

幸好，凯蒂的妈妈是支持女儿的，并不想惩罚她。最后，两人甚至协议将日记放在看得到的地方。起初，凯蒂肯定是需要帮助的，事实上，她需要的正是那个自己忙于抗拒的妈妈，她早已切断了这个以往可以让她获得支持和安慰的管道。拿捏干预和忽略之间的界限，是令许多家长感到痛苦的事情之一。睁一只眼、闭一只眼可能会让青少年越矩，做出无法掌控的事，虽然当

贴心小叮咛

在这个阶段，孩子不喜欢父母介入自己的生活，像是学校活动或生活、交友状况、穿着打扮、休闲娱乐等，通通拒绝父母的参与。此时，父母和孩子都处在一段辛苦的时期，父母如何拿捏干预与忽略之间的界限，孩子如何坦率地接受父母的提醒与帮助，都是一项考验。

时他们可能觉得应付得来。很少有亲子能够对父母该何时介入达成共识，但不管孩子如何抗拒、挑衅和欺骗，假若家长能够保持合理坚定的态度，就能让孩子安心。

孩子通常会相当期待换新学校，多数孩子在原来的学校升到最高年级时，会觉得已经受够了，但进入中学的“大学校”所受到的冲击以及因此变动而导致的意料之外的生活变化大多需要很长的适应时间，甚至可能要花上一整个学期。就像一个12岁的孩子说的：“太可怕了！你必须把所有东西都藏起来，还要改变说话的方式、行为，甚至是走路的样子。”很多孩子一开始会发现学校实际的校区范围多么令人震惊，在这么庞大的机构里，身为年龄最小的成员又是多么恐怖。对家长来说，要去体会如此的转变所带来的冲击并非易事，而这的确是人生中的一个重要阶段，需具备生存技巧、内在力量和心理复原力，这些在此时都会受到前所未有的挑战。如本书开头所述，12岁的孩子希望“受到全天候的照料”，现在再来看看他们在学校里到底受到了多少照顾。有些人觉得这不太容易判断，例如，他们都是自己上下学的；每个科目由不同的老师授课；要自己负责在学校里以及在学校和家之间进行各种沟通和讯息传递；要自行完成作业、安排进度。即使是一个看起来很微小的改变，都会带来意想不到的巨大压力。

实际年龄所代表的意义

在这个阶段，精确地计算年龄有很重要的意义。对男生而言，体能是最重要的。因此，生日是在7月份还是在9月份会有很大的不同。这个抽象的“年龄”关系到自己是班上年龄较大的一员，还是年龄较小的一员，都深深地影响着孩子们，尤其是在性方面的自信。受欢迎的程度、对运动的擅长和打架的能力几乎紧密地连接在一起。17岁的杰米的生日在7月份，他生动地描述了在中学的第一学期里有哪些事情让他觉得自己位居劣势。

贴心小叮咛

年龄大小也意味着能力的强弱。在同一个班级中，在年初出生的孩子和在年尾出生的孩子相比，不论是在生理、心理还是技能发展上都有或大或小的差距，不能等同视之。父母和老师在评价孩子的表现时，必须特别注意这一点。

你必须要长得够高大、够强壮才能生存。聪不聪明一点也不重要，只要够高就好了。反正大多数女生都喜欢年龄大的男孩，如果你像我一样，长得很矮，就只能祈祷自己在学校里不会被太多人欺负，而且最好想办法尽量留在家里。

杰米的妈妈发现儿子一直待在家里看体育节目和玩电子游戏，才惊觉杰米可能在学校受到了欺负。虽然他有时会和朋友在一起，不过大多数时间都是自己一个人，和他姐姐之前在这个年龄时的表现有点不同。问过其他男同学的家长后，妈妈发现在杰米的同学中，躲在家里看电视、打游戏的情况很普遍，尤其是年龄较小或体能发展较慢的男孩。因为杰米比较矮小瘦弱，因此他饱受欺负，他甚至觉得所遭受的屈辱会一辈子跟着自己。他接下来的描述反映了大多数男孩的经历：

除非他们觉得自己是街上最大的帮派成员，大家都崇拜自己，否则男生的日子不会太好过。他们心里承受了很多压力，学校是一个小型社会，你必须假装强大并压抑情绪。这跟你的生日在哪一天绝对有关系。

真实年龄对女生来说很重要，但有不一样的意义。年龄越大的女孩更有可能认识年龄更大的女孩，还可能与其他高年级的学长建立关系。性活跃的13岁女生可能在班上属于年龄较大的学生，看起来更成熟、更有自信，她会吸引和自己一样的女孩，会藐视与自己同年龄又欠缺安全感的男生。这些女孩认为自己知道得比较多，比较能够了解和解读情绪状况，也选择将这样的经验跟同类的女孩分享。在性方面的自信心和性行为多半跟社交地位有关，而非真的与性或爱方面的感受有关。在社会等级中的地位往往比更真诚或成熟的情感接触还重要。

> **贴心小叮咛**
>
> 女孩在性方面的自信心和性行为多半跟社交地位有关，而非真的与性或爱方面的感受有关。

交友上的困难

在交友时遇到的社交压力——是否被其他人接纳以及受欢迎与否所带来苦乐——都有重要而且深切的影响。以前，孩子们几乎从不会注意或关心种族、社会阶层和性别等方面的差异，但对12岁的孩子来说，上述种种因素突然间开始起作用，将学校的成员分成不同派系、等级和小团体。比如，在一般的学校里，在时尚、语言、音乐、兴趣和态度方面，族群之间的风格差异变得更加明显。因家庭收入差异造成的不同也越来越明显——有些孩子可以“参加俱乐部”，有些孩子只能在公园或街头闲晃或只能待在家里。因为有这样的差距，欺凌、小型犯罪、抢劫和偷窃行为时有发生，而且是由某些团体或“帮派”实施的。

总之，12岁的孩子会感觉自己被抛入了深渊，他们必须借助其他儿童的响应，来探索自己到底是什么样的人。少数孩子在刚进入小学的那几年没有遭遇过任何欺凌，直到进入中学才遇到了这样的情况，一部分原因是大家觉得压力很大，孩子们对不确定感与彼此的差异较为敏感。与更有安全感的19岁相比，珍妮是这样形容12岁时的日子的：

贴心小叮咛

对12—14岁的孩子来说，朋友相当重要，却不那么容易结交。在这个时期，孩子们喜欢搞小团体，“非我族类”就不能成为朋友；太受欢迎也会招来嫉妒，甚至引来欺凌；特立独行又被视为不合群，尤其在女生团体中。如果家长能够帮助孩子找到一个亲密的朋友，那就太好了。

我真的很讨厌那些日子，明明一点安全感都没有，还要表现出一副很有自信的样子，这真是压力超大。每个人随时都在观察彼此。几乎在每一分钟，我都在思索自己看起来怎么样。总觉得自己像一个局外人——对某个团体来说，我算不上中产阶级；但对另一个团体而言，我又不算工人阶层；我的性别是错的，我的种族是错的，我的肤色是错的。一切都很糟糕，最可怕的是，我意识到了女孩们是如何残酷地对待其他女孩的——非常恶劣，而且都是在暗地里很微妙地进行伤害。我觉得很悲惨，找不到一个人来让我倾诉。

家长和学校之间的关系

家长对学校的态度

并非所有的孩子都难以适应中学生活，仍有一些青少年如鱼得水。但通常在第一年，每个人都会承受某些压力，或遭遇某些困难。家长大致知道孩子的感受，却不清楚事情的细节。有时候，爸妈会间接地发现异状，例如，当孩子莫名其妙肚子痛或头痛而不想去上学，甚至曾经“逃学”时。对父母来说，要了解在这些“病痛”和“缺席”背后的隐情不太容易，况且还要面对自己也许不能像以往那样帮助孩子的矛盾感受。现在，孩子需要自行应对所遭遇的大多数困境。虽然一方面要独自面对这个时期的困难，再加上没有家长的帮助是很辛苦的，但对青少年来说，他们会在这个过程中发展出新的能力、复原力及独立性，这也是重要的成长，让他们在这个世界上找到立足之地，了解自己到底是一个什么样的人。

父母知道孩子不再喜欢自己关心他们在学校发生的一切了，但家长对于学校生活和老师的态度仍然非常重要。14岁的孩子表面上可能不在意，但他们通常希望爸妈可以记住教了自己两年的英文老师叫什么名字，或大概知道现在最新流行语的意思，

贴心小叮咛

父母知道孩子不再喜欢自己太关心他们在学校的生活，但事实上，对于孩子来说，家长对学校生活和老师的态度十分重要，即使他们表面上装作不在乎。比如，孩子希望父母记得教过他的老师叫什么名字、在学校里遇到了哪些问题和困难等。孩子要的是“他们想要的”关心，而不是“过度”的关心和干涉。

知道学校里有哪些问题和困难，比如厕所没有卫生纸、学校大部分时间都缺水，等等。最重要的是，孩子们希望爸妈关心自己取得的成就，而不是哪里做得不好。13岁的山姆的爸爸在离婚后就不再和山姆住在一起了，但山姆非常在意父亲对自己的评价，总是对是否能获得爸爸的表扬感到焦虑。怀抱着希望父亲很开心的期待，山姆给爸爸看了自己优异的成绩单，“不错呀，不过为什么你的法语只拿到了C？”此后，山姆再也不把成绩单拿给父亲看了。

尽管学校有许多缺点，但若能感受到爸妈对学校的基本认同，且和老师站在同一阵线，对孩子是有帮助的。家长需要在不能完全靠学校来教育孩子和不在背地里破坏学校的权威性之间辛苦地维持平衡，尤其是在听到孩子们加油添醋地夸大老师们的行为和态度时，找到平衡点更是难上加难。若是选择只赞同某一边的看法，通常不太恰当。例如，若完全不质疑学校当局的政策规定，可能会让孩子认定家长总是偏袒学校，自己受了委屈也无处倾诉。的确，这有可能导致孩子对自己的朋友甚至对年龄较小的孩子采用同样有失公允的态度。从另一个角度来看，依表面的利害关系来接受孩子的看法未必有帮助。这个年龄的孩子可能会把所有事情都夸大或态度极端——不是非常好，就是非常差。所以凡事都要相当谨慎。

对这年龄的孩子而言，若有人能认真对待自己的观点——例如，觉得老师不公平——是非常重要的，而不能只以“人生就是如此”来轻描淡写地一笔带过，或将老师的不公斥为重罪。许多12—14岁的孩子有着强烈得令人钦佩的正义感，虽然这种正义感略显简单粗暴。其实，鼓励孩子以宽容的态度看待事物，或至少从不同的角度进行思考，总是有帮助的。若孩子在一段时间内持续抱怨某些不公平，可能就需要采取某些行动。家长很容易在加以干涉与放弃“关心和责任”之间摇摆。无论如何，想把事情做好没那么容易。你会去斥责欺负你女儿的孩子吗？你会打电话给他的父母吗？还是说，你会告诉女儿要忍耐？或者你会去学校向老师抱怨这件事？孩子可能会抗拒这样的处理方式，但家长若能够与学校合作，多数孩子都会感到安心。无论父母是否还在一起，孩子们都希望爸妈对学校和孩子的权益达成基本的共识。

该不该介入孩子的学校生活

13岁的丹尼生动地形容了当妈妈风一般地冲进校长室抱怨儿子遭到了欺负时，他心中的骄傲与害怕。尽管他很不愿意让妈妈出面处理这件事——因为觉得很丢脸——但当学校与妈妈讨论出了一个可行的解决方案时，他的确大大地松了一口气，尤其是学校迅速且恰当地进行了处理。

当孩子抱怨学校里有人嘲笑自己或遭到恶劣对待时，家长需要小心判断是否该鼓励孩子站出来反抗，甚至是否需要将欺凌者揪出来。家长需要花一段时间细心观察孩子的情绪和行为——是否有沮丧消沉、不想去上学、无法入睡、成绩退步等迹象。有这样的警觉心，加上与老师或学校相关人员进行讨论，有助于了解问题的严重性，了解孩子是否成为欺凌受害者。

贾丝明的爸妈发现她一连好几周都睡不好，经常哭且不愿上学。他们耐心地询问她发生了什么，但贾丝明坚持说没什么事，只要让她一个人静一静就好了。直到一天晚上，贾丝明向妈妈透露了自己压力很大，因为班上的男生老是喜欢用粗鲁的带有种族歧视意味的方式称呼她。她还会收到一些非常恶劣的短信和手机留言——这是一种格外残忍且在这个年龄越来越常见的欺凌行为。贾丝明要母亲发誓保守这个秘密——她宁愿去死，也不要让别人知道自己为此感到困扰，并且担心如果讲出来，会让事情变得更糟糕。

贾丝明的母亲和其他几位家长经过讨论，决定把这一状况报告给学校的年级主任。学校的应对方式是进行公开讨论，但没有提及贾丝明个人的遭遇。学校将此事视为全校都应该关注的议题，并宣告未来任何与这类欺凌有关的事件都会被严肃处理。贾丝明终于松了一口气，因为爸妈和学校合作解除了她的困扰，且没有泄露她的秘密，她无须为这样的结果负责，也就不会遭到报复了。

反过来，有些情况可能是由老师主动告诉家长的，指出某些孩子在课堂或学校里遇到的问题和困境。老师们站在特殊的位置观察这些青少年之间的关系，能迅速觉察孩子生活中的许多方面，而这些方面是家长无法看到的。这几年，老师的确在青少年的生活中占有重要的一席之地。孩子会使用复杂的沟通形式，但老师能够理解孩子的想法，并确实了解孩子真正想要传达的意思，进而采取应对措施，而非只是收集表面的讯息。这对孩子的学校生活经验有极大的影响。对许多儿童而言，老师非常重要，是家庭之外的另一个熟知自己的行为、社交关系、认知技能和智力发展的人。从某种意义上说，老师对这个年龄的孩子而言接替了家长，能居中调解同伴团体与成人世界之间的关系。老师的关注和慎重看待对许多青少年有极为重要的影响；不过，他们若觉得老师不喜欢自己，或对自己有偏见，也会造成非常不利的后果。

青少年在态度或行为上的明显改变通常是一种征兆。敏锐的

> **贴心小叮咛**
>
> 对许多青少年而言，老师所扮演的角色非常重要，是家庭之外的另一个重要他人，且熟知自己的行为、社交关系、认知技能和智力发展。从某种意义上说，老师对这个年龄的孩子而言接替了家长，能居中调解同伴团体与成人世界之间的关系。

老师会在他们身上发现一定程度的焦虑，且进一步了解孩子可能需要哪些帮助，帮助对象甚至会延伸到家庭外。这样的老师也可能知道隐藏在这些“态度”背后的压力与冲突，以及普遍的行为问题。进行了解，而非施以处罚或纠正，这样的处理方式更能帮助孩子朝健康的、可期的方向发展，而不是让他们更加害怕、意志消沉或导致更强烈的叛逆行为。

尼克在14岁时抽大麻被抓，因为他是在学校操场上抽的，而且从教职员办公室可以清楚地看到。除了受到了严重警告，他的父母也被叫到了学校，之后尼克被罚停课一周。尼克的父亲认为这一严重违纪的行为可能与儿子一周前在学校遭遇抢劫有关，有几个高年级的男生抢走了尼克的手表和球鞋，把尼克吓坏了。

但校方不认为违反校规与这类创伤经验有什么关联。虽然尼克感激父亲的理解，但他变得越来越叛逆而难以亲近了，成绩一落千丈。若有个老师能在这个关键节点上给予尼克支持，而非毫不通融地依章处置，也许他的学校生活就不会如此混乱。

学业所扮演的角色

这个阶段的青少年在思考和学习、信息收集与技能培养等方面取得了巨大进步，这样的进步也伴随着生命的其他方面的激烈变化，学校活动通常能成为一张重要的晴雨表，可反映青少年生活中的其他方面是否也进展顺利。另外，考试成绩也是了解生活中大小事务发展的指标。在学校功课上遇到的困难和情绪上的挫折似乎没有明显的相关性。在青少年期，男生与女生在考试成绩上的差异仍然存在着。然而，全心投入课业和健全的心理发展之间可能存在负相关，尤其是对女孩而言——努力表现和追求完美表示她们可能亟须

贴心小叮咛

学校活动通常能成为一张重要的晴雨表，可反映青少年生活中的其他方面是否也进展顺利。另外，考试成绩也是了解生活中大小事务发展的指标。

贴心小叮咛

全心投入课业和健全的心理发展之间可能存在负相关，尤其是对女孩而言——努力表现和追求完美表示她们可能亟须通过控制所取得的成就，来抵抗在青春期需要面对的诸多困难。

通过控制所取得的成就，来抵抗在青春期需要面对的诸多困难。

许多年龄较大的青少年几乎不记得12—14岁时到底有多少学校功课了，似乎是在一团混乱中进行着课业的学习。这一时期的智力发展强烈影响着青少年的自我意识以及他们对自己在广大世界中的地位的认知，同时也影响着他们对许多新能力与兴趣的发掘，以及自尊的提升。同时，课业学习也常是与同学建立关系的基础之一，虽然很少有人愿意承认课业学习在这方面的功能。当17岁的乔纳森回顾这一时期的自己时，是这样说的：

> 大家都在抱怨学校里的功课，其实大家根本没做过什么功课。虽然大家都会对学校里的事情哀哀叫，不过要是能遇到好老师，的确还是会学到一些东西的，也会逐渐对某些事物感兴趣。学校反而会变成你想要去的地方，而家则显得有点烦人和无聊。虽然很少有人愿意承认这一点，但他们心里会想："其实我一点也不介意学点东西。"不过，大家不会这样说，因为热衷某件事情或变得聪明并不是那个年龄的潮流，但他们真的觉得"学习这些基本上还是可以的"。

当家长得知很多年龄较大的青少年都同意乔纳森的看法时，或许会很讶异。回想起来，乔纳森的大多数朋友都希望学校当初可以管得严一点，并从一开始就鼓励学生多用功。他们似乎觉得当时有点受朋友的操控，但他们并不喜欢这样，因为这让他们很难受，加剧了应对考试的压力。尽管有些人记得自己当时想反抗这种认为“学习无趣”的同伴压力，因为他们感觉整天晃来晃去很无聊，或者觉得这阻碍了他们全力以赴地投入学习，但是大家当时并不认为很多人会自愿投入学习。对于这些人来说，对于学习的厌烦和疏远的情绪与两个因素有关：一是跟不上进度所带来的挫折，让他们渐渐麻木；二是校方过度关注秩序的维持而不是教学本身。

对这个年龄的某些人来说，新的学业压力有其积极作用，能点燃竞争的斗志，或能激发新能量和潜力，开发新兴趣和好奇心，开启一个未知的世界，这些都有助于人格发展。但对另一些人而言，新的学业压力可能会唤起对于失败的畏惧或被鞭策的不悦，有时会感到无法应付，也可能反映为出现其他问题。令家长十分为难的是，既不能太唠叨、担心，过于保护孩子而让他们远离其他人；也不能忽略或忽视他们，让孩子感到失望或产生不满。学校现在似乎是另外一个世界，但家长的参与、鼓励和关注要比表面上所呈现的重要许多。另外，团体生活的压力非常大，青少年可能会以破坏性的方式把这样的压力发泄在家人身上。在很多家庭中，触发冲突的导火线通常都是作业问题。家长担心青少年过于专注同伴团体，担忧儿女未来的学业，看不惯孩子将自己的潜能挥霍在似乎无用的活动上，或想参与孩子的活动却屡遭排斥，但父母对以上种种通常是无能为力的，于是只好将全副心力放在“孩子到底做没做完作业”这件事上。

孩子和家长都难以弄清导致上述似乎可以理解的焦虑并点燃双方怒气的根源是什么。家长是不是可以触及孩子的焦虑，并以另一种方式表达孩子自己的担忧？还是这些焦虑和冲突只来自家长想要满足自己与其他家庭竞争的意图和野心，而不是真的出于关心儿女的学习与成长？忧虑的爸妈通常会明白自己的态度和青少年文化是背道而驰的，可是在面对孩子充满怨恨、怒气或郁闷的反抗时，他们仍会试着维持某种权威。

贴心小叮咛

从青少年的角度来说，鼓励听起来像是吹毛求疵的要求，是不受欢迎的，甚至有被冒犯的感觉。

然而，在青少年看来，鼓励的话语听起来就像是吹毛求疵的要求，是不受欢迎的，并觉得自己被冒犯了。这些“短暂但激烈的争执”所带来的负担都是分离过程的一部分。父母若能将以下原则放在心上或许是有帮助的：亲子冲突是青少年自我探索过程的一部分，孩子会认识到什么东西对自己来说是重要的，以及什么是不重要的，同时还会排除一些额外的负担，尤其是家长强加的那部分负担。

虽然对立冲突在所难免，但一如往常，家长若能同理地认清孩子们苦苦挣扎的本质，持续不懈地给予孩子克服困难的助力，那么无论当时的对立多么激烈，家长最终都能成为孩子成长过程中的重要支撑。

第四章

团体小圈子

无论是在真实生活中，还是在虚拟世界里，青春期的孩子都既“渴望被接纳”，也“担心被排挤”。

对他们而言，团体或帮派象征某种支持与保护的机制，对于试着想做自己的他们，有着难以抗拒的吸引力。

此外，电脑游戏、网络等可能是天赐的礼物，这些科技产品为充满不确定感和相关困扰的青少年带来了许多言语难以描述的慰藉。

你想加入什么样的团体？

很多老师、家长，甚至是年龄较大的青少年都认为，对于儿童自身及其照顾者而言，12—14岁这个阶段所承受的心理磨炼是最多的。这时的孩子不像当年“可怕的2岁儿”那样令父母焦虑，但也可用“可怕的青少年”来形容父母的感受。很多成人都清楚这一群体的特点，且会各说各话地描述这个躁动的群体，像是无礼且爱口出狂言；难以保持专注、难以全神贯注、缺乏深思熟虑，或对他人缺乏尊重；没来由的自信爆棚和骄傲自大；不停地强调权利和特权，却总是逃避责任；自成一派，推崇年轻自由的文化——狂饮、藐视规则、抽烟、嗑药、通过音乐和流行与人结识；心理和行为几乎失控。

许多13—14岁的女生之前还对变化中的身体感到羞怯，但现在根据老师和家长的说法，她们会用身体来施展魅力了，会骄傲自豪地组成小团体，排挤比较不成熟的男生。与此同时，她们操纵和欺凌他人的技巧更为隐蔽、精湛且多样了。男生则会以不同于女生的方式确保彼此的支持和团结。有些孩子会表现出夸张的街头智慧来获取威名，或者在运动竞赛方面成为顶尖高手。若是缺少类似上面的选择，会有越来越多的人转向酒精与毒品；或在某些状况下，建立紧密的一对一关系——有些同学会充满恶意又不乏羡慕地形容这种关系就像结了婚一样。当孩子们觉得扮演有尊严又自信的男性角色太麻烦，且经常感到无法达成目标时，原本较晚才会出现的毒品问题便可能提前出现。加上隐藏的恐惧和绝望强化了如浪费物资、自我伤害、青少年犯罪和抑郁退缩，最终更可能导致（尤其是对男孩）最严重的后果——自杀行为。

在12—14岁这个阶段，孩子们必须设法适应诸如生理上的变化、学校生活带来的压力和不确定感、慢慢消逝的家庭凝聚力以及对于自我和适合自己的位置的疑惑等问题，并让自己与团体荣辱与共。在此阶段，小团体的友情是最重要的。也就是说，对大部分人来说，同伴团体里的一切是否顺利，直接取决于这些年的经历。团体经历很有用，通常男女有别，而且在刚满12岁以及差不多14岁时有着细微的差异。比如，12岁时的一部分烦恼可能来自尚未找到一个让他有安全的归属感的稳定的团体。和男生相比，女生之间的亲密关系更可能是吵吵闹闹的，可能每天都会经历背叛、不忠、排挤、怀抱希望和失望的折磨，这些往往会让人难以忍受或者难以获得真正的谅解。到了十三四岁，团体关系会变得较为稳定，对朋友的热情和情感会加深，并对大人及其价值观产生敌视。这样的敌意和冷漠对家

贴心小叮咛

在这个年龄，友情是最重要的，所属的同伴团体是否会顺利发展，跟这几年在重要转变期的各种经验有关，经验越丰富，团体运作得越顺利。

长来说是一大挑战，会让他们很伤心。

通常，每一学年都会有一些小团体形成，成员们会因各种各样微妙而多变的标准聚到一起，比如种族、性别和阶层等——也是对社会划分和社会阶级大背景的反映。然而在每一学年，基本都有内团体和外团体、“尖子生”和“凡事无所谓的人”、好学生与坏学生、羡慕他人的人和被仰慕的人等不同的分法。正如一位老师指出的，总有几个女生刻意让自己看起来像是可爱“傻大姐”，故意表现出一副胸大无脑的样子，来吸引别人注意，其实她们是该年级中最用功、最聪明的几个孩子。一个15岁的孩子声称在自己前一年所交的朋友中，“有假酒鬼，有佯装自我伤害的人，有爱现的人”。“但是，”她强调道：“这些人后来又分成努力上进派和其他派。这在很大程度上取决于家庭是否给予了温暖以及限制，而不是只给温暖或只给限制。”

无论是哪种团体，基本上都像是一个保护罩，保护脆弱的年轻人免于面对真实的自己而产生强烈的不安全感。12—14岁的孩子的忠诚度与行为的反复无常不过反映了他们对未来的尚未定型的看法——从如何度过这个充满烦恼的过渡阶段，发展到一个对自己会成为什么样的人、拥有什么样的人际关系、兴趣和理想抱负更有自信的人生阶段。在英国，多数12—14岁的孩子约就读初一、初二年级，这时通常需要耍点手段以便在学校取得较高的地位。他们换朋友的速度就跟换电视频道一样快。上初三以后（14岁），就如同一位老师所说的：“他们会变得比较稳定，没那么麻烦、那么令人伤脑筋和累人了，也比较不会在公不公平的小细节上斤斤计较了。”从12岁开始，小团体的成员会变来变去；但到14岁时，成员组成会基本稳定，成员来来去去的现象明显减少。

贴心小叮咛

在中学的第二年或第三年，朋友间的社交网络会成为青少年的生活重心。对这个阶段的孩子来说，归属某个团体的经验对个人自尊的培养相当重要。

若是应对得够谨慎，一个人有时可同属两个以上的团体。在这种状况下，青少年会根据所属团体文化的不同而有不同的表现，包括行为举止、情感、穿衣风格和说话方式都会有一点不一样。举例而言，在学校，他们属于某个团体，回到家中或在社会上的其他地方，他们又属于另一个团体。虽然不一定一切顺利，但也有一些青少年，尤其是多才多艺的孩子，在学校里加入了多个团体。身为多个团体的成员可以让青少年多方面的个性各有发展，又联结在一起。孩子们也可以忍受个性不同方面的互相协调，因此在多个团体当中可能会让人变得更丰富完整——社交方面的融合通常走在人格整合之前。

团体可以是大型的、开放的且和善的，例如，足球队的球迷粉丝团。团体也可以是大型的、开放的但怀有恶意的，比如在一些地方成群结党、聚众滋事、抢劫、偷窃等。在这些地方，疯狂的青少年可能集体对他人进行伤害、攻击和抢劫，正是团体认同感促使他们做出了具有攻击性的冲动行为——这些行为在他们离开团体、独自一人时是不太可能出现的。无论团体是大是小，基本功能是相同的：身为团体的一分子可以厘清自我认同，并帮助自己顺利度过这段与家庭脱离的过渡时期，且能够在群体中从事某些自己一个人时做不到的事情。青少年与家长在某段时间会变得难以相处或关系疏离，而加入团体、与他人有某种重要的共同点，是让孩子们获得安全感的一种方式。他们共同在12—14岁这个阶段经历了许多混乱的体验。性格中尚未获得承认的某些方面，或者更准确地说，不太会发展为自我认同的一部分的方面，仍可以被团体中松散的、不那么明显的成员纽带包容起来。团体成了一个安全之所，可以让青少年展现个性的不同方面，尤其是自己觉得在这个阶段难以用其他方式整合或者不可能用其他方式整合的那些部分。

在一个大致上融合了不同的生活方式、种族、时尚风格、音乐偏好和阶层的团体中，通常都会有某些较强硬、较聪明、较敏感、较冲动莽撞或较依赖他人的成员，这些人也大致代表了每个成员强硬、聪明、敏感、冲动莽撞、依赖他人的那部分特质。披头士成员的早期形象便是这样，成员之间似乎差别迥异：约翰·列侬（John Lennon）聪明、冲动；保罗·麦卡特尼（Paul McCartney）敏感、富创造力；乔治·哈里森（George Harrison）较无主见、较不聪明；林戈·斯塔尔（Ringo Starr）较为被动。无论这样的刻板印象是否属实，他们每个人都代表其他成员个性的一个方面，组合在一起就成了天才，就能创作出非凡的音乐作品。

到目前为止，几乎每个人都会偶尔有和珍妮一样的感受，“没有人能够了解我，我就像是一个局外人”。这个年龄的孩子会因彼此相同的经验与归属感而获得安全感，不过仍充满了强烈的不确定感。团体中的认同感与在团体中的地位极为重要，被人排挤会让他们感到相当困扰。通常，团体会自成一个小型社会，充满竞争与地位的争夺，但还不至太激烈而对团体的整体凝聚力造成威胁。也就是说，孩子们可以在团体结构里相对安全地充分发现、探索、实践和经历个体所表现出的野心、无所不能、离间分裂、合作无间、相互依赖和破坏性等冲动行为，并能够控制与驾驭这些感受或经验。

然而，要在团体生活中生存，通常就要承受相当大的压力。很多人一方面对身为团体的一分子感到满意，另一方面又觉得要依照他人的意思而活，或试着成为自己想要成为的那种人，是相当辛苦的。

> 不知道其他人为何觉得我很厉害、很有吸引力且很羡慕我，但我不能让他们失望，结果我只有在写日记时才能做自己，说出我心中的忧虑。

这是14岁的安娜的心声，这可能会让她的朋友们相当惊讶，因为大家觉得安娜在任何派对上都是最有魅力的人，是众人关注的焦点。但是，或许每个人在心里都默默地认同她的某些话。或许是因为对被孤立的恐惧，以及保住面子的压力，一定要尽快找到伙伴，发展友谊。曾遭某种虐待或剥夺的青少年尤其想和特定的同伴团体建立紧密而明确的关系。

对12—14岁的孩子来说，尽管“人多势众能带来安全感”，但仍有些青少年渴望交到一个特别的、亲密的朋友，并从中获得慰藉。常听到少年承认自己“其实跟团体中多数朋友并不一样”。这恰好指出了团体友谊关系的脆弱与冷淡，以及隐藏在其中的寻求个别的、安全的、互相信任的友谊的需求。这样的关系正是该阶段青少年致力追求的，可以代替长久以来家庭所给予的无条件的爱——一种在动荡的青春期初期似乎很难获得的爱。

在初二或初三，朋友间的社交网络会成为每个人的生活重心，但与12岁刚进入中学时相比，友谊的网络似乎更稳定了。归属某个团体的经验对自尊的培养相当重要。的确，若孩子在这方面有良好的经验，他们就有往前走的勇气。没有什么比社交生活更重要，若能在这方面取得成功，孩子会很开心；反之则会很沮丧。但更为深层的苦恼与焦虑感通常会被埋藏在心里，被每天在团体中需要应对的各种问题所左右。洁玛的父母在她13岁生日后不久就分开了。但她说在那时，除了学校生活，一切都不重要。她表示：“我和谁接吻厮混，或是有没有合适的牛仔裤可以穿，比我爸妈离婚还重要。功课也不重要，只有校园社交生活才是重要的，其他的事情都无所谓。”后来，洁玛才发现，父母离异正是她如此热衷学校社交生活的主因。

当孩子成为团体的一分子时，家长在孩子的生活当中的重要性会越来越小。与团体相关的活动以及成员关系的变化，对孩子来说才是最重要的。老师也一样，即使曾因严慈相济而备受学生尊重，最后也会沦为无关紧要的、只会令人尴尬的人。一位家教如此形容自己的教学经验：

贴心小叮咛

当孩子成为团体中的一分子时，家长在孩子生活当中的重要性会越来越小。对孩子来说，与团体相关的活动和成员关系的变化才是最重要的。

> 学生第一年觉得我是“神”；第二年好奇“我的世界”是什么样子的；到第三年，无论我做什么或说什么都是错的。一直到第四年，我才再度被他们当作值得一丝尊重的老师。

小团体，大乐趣

在这个时期，对孩子们来说，学校功课一点也不重要，因为它会干扰社交生活。12—14岁的孩子会感受到内外交困的巨大压力，在社交生活中寻找自我比学习重要许多。八卦到处流传，

贴心小叮咛

对12—14岁孩子们来说，学校功课一点都不重要，大聊八卦和参加派对才是最重要的事。

贴心小叮咛

亲子冲突大约在孩子15岁时才会逐渐减少。

成了主要的信息源，有些与团体里的其他成员有关，有些与其他团体的行为或想法有关，但都是些带着偏见的或不可靠的讯息（尤其是偏颇或臆测的消息）。以往，家长们会因孩子放学后抱着电话打个不停而抱怨不已，或为电话账单而与孩子争吵。现在有了手机之后，青少年更方便随时得知朋友的任何动向了，能及时了解朋友们在关系或烦恼上的任何细节，这更让家长觉得自己被完全排除在外了，甚至感到自己是多余的。然而，无时无刻不想讨论彼此的感受、反应和活动可能也让孩子们有机会检验自己在各个方面的表现，以及了解别人对自己的各种反应。换句话说，他们之所以对八卦如此着迷，可能正是因为八卦的主角就像是另一个版本的自己。

被某个团体接纳所带来的正面影响不容小觑。内奥米因为在操场上抽烟被叫到了校长室。校长从办公室走出来，发现竟有6个14岁的女孩一起在等待区，她们都穿着一样的牛仔裤和靴子。其中一个女生友善地微笑着说："我们只是想让内奥米知道，我们就在她身边。"校长遇上的是一群不会去怀疑朋友的女孩，她

> **贴心小叮咛**
>
> 体型、服饰、发型、音乐、形象、外观和被某个团体所接纳，才是这个年龄的青少年最关心的。

们对自己的自我认同不像当初刚进学校时那么不确定，也还没有开始过度担心未来的伴侣选择问题。这群14岁的青少年尚未感受到考试的压力或对“我以后要做什么”产生担忧。争吵、闲聊、分享、发展小团体、排挤他人、团体重新组合等所带来的苦与乐发生在一个相对良性的过渡空间中：一方面是感觉现在的自己属于一个更包容的团体——可能再也不会有如此亲密而自在的关系了；另一方面是感觉家中的限制越来越严格了，尤其是当孩子觉得朋友团体比家庭重要时，此刻与家庭有关的事物会让他们感到反感与失望，甚至是认为跟自己无关。

为什么会加入帮派？

在这个阶段，如果青少年不属于任何一个团体，也没有加入任何帮派，而是习惯独来独往，反而算是很特别的。无论经历什么风雨，团体都能为孩子们提供一个社会框架，让青少年感受到某种程度的彼此关心，大家有着共同关心的目标或议题，当然也存在着无可避免的竞争与比较。不过，有些团体的性质和从事的活动与一般团体颇有差异，甚至更倾向于帮派性质。

前面所提到了内奥米，她所属团体的成员具备相当的共识且能相互扶持。但有些12—14岁的孩子所组成的群体可能显得较不稳定且缺乏建设性，这类团体可能建立在专制与顺从的机制上，成员的行为模式又是以叛逆和反抗为主，甚至可能从事违法犯罪行为。这些成员可能会聚在一起放大个性中趋向毁灭、破坏或绝望的一面，目的在于伤害自己或他人。团体有时会给成员施加压力，让他们去做独自一人时不敢或不会做的事情。

托尼回顾了自己13岁时的经历，说道："除了带来麻烦，没有什么能够指望我的朋友。"他是这样描述自己是如何受到"引诱"而加入那个帮派的：

> 我开始和这群人鬼混……他们中的一个人跟我说："你很酷，我们喜欢你的长相。"这么多年，我第一次感觉自己很棒，有人欣赏我，并要跟我做朋友。但他们开始做一些我不想做的事情，像逃学、不写作业、吸毒和打架。我发现自己竟跟着去做了相同的事，即使我觉得那根本不是我会做的事。

我们从托尼的例子中发现，他其实很脆弱，并没有觉得自己很棒。他虽然只是因为"冷酷无情"的外表而被这个团体接纳的，但和欣赏自己的人交朋友至少带来了某种归属感。虽然内心抗拒，但托尼发现自己还是走上了一条既不看重也不认同的路。

他活在担忧之中，害怕被所谓的朋友发现自己不忠于该团体，或被爸妈发现自己的所作所为而遭到处罚或排斥。

贴心小叮咛

这个阶段的青少年很需要被认同和肯定，若有人说他很酷并欣赏他，他很容易受到引诱而加入他并不那么认同的团体。而且一旦进入就很难脱身，此时特别需要父母站出来帮助他脱离此类团体。

托尼的帮派就像其他的团体一样，是由一两个年龄较大的男孩主导的。这些带头的“老大”有种魅力，他们“行事作风强硬”，而且就像托尼说的，已经“开始吸毒和有性行为了”。这两个人给了年龄较小的男孩或能力较弱的男孩一个选择：要不就是跟着“老大”，模仿他们的行为和态度；要不就是沦为团体中受欺压的被害者。任何想要脱离帮派的人都会受到威胁，面对将得到严厉惩罚的恐吓。当时，托尼的父母把心思都放在自己的烦恼上，没有注意到儿子的状况，直到托尼的哥哥把此事告诉爸妈，他才得以脱离这个帮派。托尼的父母这才发现儿子如此不开心和害怕，常常需要撒谎来掩饰他所从事的活动。几年之后，托尼仍然无法相信那个所谓的“老大”当初竟能够这样控制自己。“其实他们才是受害者，而且从来没有改变过，他们到现在还跟以前一样。实际上，他们才是输家。”

倾听孤单的孩子的心声

托尼的妹妹桑德拉属于比较孤立的类型。这个年龄的孩子虽然通常都重视以团体为主的文化，但是每个青少年的发展速度和发展方式都不一样。有些孩子依然和家里保持着紧密的关系，认同父母的价值观与态度，并不想脱离家庭或恣意冒险。有些孩子不住在人口密集的社区，没什么机会或时间和朋友相处，因此可能会寻求其他形式的陪伴，例如，养宠物、看书、看电视和打电脑游戏，甚至是偷偷地把玩具当朋友，虽然这个年龄的孩子大多不再玩玩具了。这种孤独倾向不一定需要担心，如果这是孩子自己选择的，可能表示孩子对自己有相当程度的了解，并已经思索好了何时才要向前迈进，或开始进行自我探索。但另一方面，这样的情况也可能表示孩子对长大极度焦虑，想要借此避免产生疑惑和陷入两难的困境；即使这是一种退缩的方式，都比无精打采和沮丧消沉更有建设性。

如同桑德拉，孤独倾向也可能反映了某种家庭压力和需要。桑德拉被家人视为掌上明珠，在她出生的3年前，她妈妈曾有过一次死产的经验。以桑德拉的年龄来说，她的体型略为娇小，吃得不多。妈妈和桑德拉都希望她能够一直留在家里，受妈妈的保护，以避开家庭之外的“可怕危险”。无论何时，如果可以，桑德拉总喜欢待在妈妈身边，当妈妈的小帮手，帮助妈妈准备餐点，和妈妈一起看电视，她似乎也没什么特别感兴趣的东西。当桑德拉进入中学之后，妈妈再也不能像以前那样参与她的生活了。她发现自己缺少内在的力量，而在这个年龄，这种力量对社交生活来说至关重要。其他孩子可能感觉到了桑德拉的脆弱，于是将她排除在外，没有接纳她，于是桑德拉遭到了无情的欺凌。桑德拉一开始就屈于劣势：她比其他人更娇小。她看起来就不同于其他孩子，显得弱不禁风，这让她缺少了成为团体一员的必备条件之一：相似性。当然也有可能的是桑德拉的母亲太想要保护女儿不受生活烦恼的困扰了，结果反而妨碍了她。桑德拉在面对困难时似乎缺少心理复原力，而这些都是她目前正需要的，好让她顺利地在这个被称为“黑板丛林”[1]的地方生存下来。

青少年们似乎总是显得无精打采和状似无聊，或花了太多时间看电视和上网，显得心不在焉，家长们常对此烦恼不已。那个充满活力和热情的“11岁孩子”好像突然“变笨”了。我们很难搞清楚这只是想在迈入前方喧嚣的生活前消磨消磨时光，还是说从事这些看起来让他们上瘾的活动象征着面对青春期风暴、面对俄国诗人普希金（**Pushkin**）所描述的“因不谙世故而引起的骚动”时的焦虑和退缩。但这样的退缩行为是不该被忽视的。疲倦和无聊都可能意味着极度的意志消沉，或对生活的逃

[1] “黑板丛林”指的是以无纪律和少年的不良行为为特色的学校。——译者注

贴心小叮咛

青少年经常表现出无精打采和百般无聊的样子，而疲倦和无聊可能代表极度的意气消沉，或对生活的逃避。作为家长的我们需要抱持更宽容的态度来面对这样的心态。

避——更严重的话，则需要采取进一步的应对和改善措施，例如，向心理咨询师寻求帮助。另外，这种无趣、消沉的情绪也可能代表对某种愤怒与破坏性冲动的恐惧，以及害怕自己会失控。这些个性上的攻击性需要获得疏解，而无论是在同伴团体中、社团中还是足球场上，团体中的互动都可以让青少年在相对安全的环境下对这些方面进行探索。从某种程度上来说，应该让孩子们进行这些探索。若没有在集体中进行过这样的实验，青春期的孤立可能会让孩子性格中消极的一面得不到整合，反而可能被忽视或否认，进而妨碍他们对自我的理解与发展，对未来不利。

在学校里，桑德拉身边的同学都具有表达负面情绪的能力，而她缺乏足够的安全感来充分地传达感受。因此，她一直没有学会照顾自己。这可能也是导致桑德拉不愿吃东西的原因，这通常和她无法接受可怕的经验有关，而她也不知道唯有接受这些经验，她才能够懂得如何保护自己。桑德拉认为“母亲大概无法承受死产的悲痛”，这或许让她产生了某种对攻击性冲动的原始恐惧，以致使她在啃咬和咀嚼方面遇到了困难。

> **贴心小叮咛**
>
> 青少年通过社交生活，寻找自我并解放自我。

面对桑德拉这样的状况，家长们自然会焦虑，担心孩子能否结交有益的朋友，并激发出好奇、勇敢和富有创造力的性格特质，或因为欠缺益友而扼杀限制了他们在这些方面的发展。青春期早期所形成的团体或帮派通常对培养自信和自尊具有长远的作用，且能广泛影响孩子的生活态度、学业成就与选择。无论是加入团体或帮派，还是独来独往，都反映了12—14岁孩子个性的特征，不能简单地用“他交了不对的朋友”“她很幸运能有那些朋友”或“他就是一个独行侠，他喜欢这样”等话语轻松带过。了解隐藏在错综复杂的面貌下的各种问题有助于鼓励良好的个性特质，并修正那些对青少年发展较没有帮助的个性。

小时候所就读学校的文化与风气也有很大影响，就如一位老师说的，“如果你是我学校里的男生，想要生存下来，就必须是中产阶级，要非常聪明和擅长运动，而且最好是犹太人。”而在另一个环境中，生存的必备“条件”可能迥然不同。在回忆这个阶段时，许多青少年会强调“伪装”的必要性。每个人都必须加入某个团体，而这个团体要能长久地保护他们独特的、未经雕琢的自我，免受这个过渡期里来自个人和集体的压力的影响。

对于像桑德拉这样的青少年而言，电子游戏、DVD和互联网既可能是天赐的礼物，也可能是一种危机。有些孩子可以在网络聊天室里找到慰藉，感到兴奋和刺激，或将它当作兴趣和娱乐方式。对某些人来说，这可能是危险的。网络关系能否带给孩子恰当的支持或包容，是否会变成越来越大的诱惑，完全取决于青少年需要什么、使用互联网的目的或如何使用互联网，以及互联网对每个人来说到底意味着什么：让人逃离现实？排解寂寞无聊？做种种尝试？满足好奇心、性欲或其他欲望？发现新体验？增长知识？在什么状况下，好奇心会变成偷窥行为和变态的性实验？就像其他任何事情一样，在某些情况下，一种兴趣可能会成为一种痴迷、一种技能（比如利用科技）、一种瘾。机会和危险并存。青少年处理在群体生活里遇到的情绪困扰时本来就倾向选择回避，媒体时代的文化恰好能迎合他们的行为模式。现代人对不同媒体的接触持续增加，逐渐形成了一种文化，并对倾向以退缩来面对青春期的各种情绪困扰的孩子有相当大的影响力。通常，青少年房间里有各式各样的科技产品——电视、计算机、手机和互联网。虽然很多人都在强调这些科技产品的缺点，尤其是对这个年龄的孩子而言；但也有人认为这些科技产品能让孩子们觉得比较快乐、获得更多信息、变得更独立和更强大。

这些产品可以提供一个逃避问题的途径，一个可以躲避现实生活的藏身之处。同时也提供了一个支持网络，证明世界上真的有人在关心他们在青少年初期遇到的问题，并且可能认为你很有吸引力、很有趣。

这是一个15岁的孩子的回忆，针对最近的遭遇，她很清楚科技产品对这个年龄的孩子来说有什么价值。经过仔细思考，她认为对许多人来说，“在某个特定领域成为真正的专家，会让人更有自信，在认为这种专业性很有价值的人之中会显得尤其有魅力”。她也注意到，这些科技产品对于充满不确定感和相关困扰的青少年来说是一种慰藉，尤其是当他们与伙伴发生冲突时。她表示，屏幕上的文字或与人沟通时拥有掌控权的感觉是可以抚慰人心的。科技产品给原本没机会进入其他社交团体的青少年带来了更多的可能性。但若过度使用或滥用，也会带来令人担忧的浪费了太多时间的忧虑，以及关于孩子的自由的争议。对父母们来说，在规范上与孩子达成共识是相当困难的，尤其是青少年往往比大人们更精通相关的科技产品，这让家长们很有挫败感，觉得自己无能为力。

12—14岁的孩子们主要受控于“被接纳的渴望”和“被排挤的恐惧”。无论是在真实的生活中还是在虚拟世界里，对青少年而言，团体或帮派都能形成某种支持与保护机制，让他们在做自己的路上免于陷入个人困境。家有青春期的孩子，早期都会冲突不断，到后来家长们会发现，不如抱持一种“四面受敌的心态”，冷眼旁观，给孩子一段时间找到回来的路，而他们也终究会找到。

第五章

很高兴认识自己

这个阶段的孩子需要面对自己的某种负面感受，他们觉得很痛苦，但又不想失去这些感受。

青少年被迫迈向未知和难以确定的未来。在这条路上，每一步都是一个考验，也是新的探险；主要是因为他们还无法离开父母与家庭。

尽管面对种种困难，许多家长仍设法支持孩子们度过这个建立内在认同和学会自我克制的艰巨过程。

认识自己是什么样的人，以及接受不完美的自己，对12—14岁的孩子来说是重要一课。

在青春期，12—14岁的孩子需要面对的新课题很可能与自己的某种负面感受有关，让他们觉得很痛苦，却又不想失去这些感受。很多看似困惑的、难以理解的、消极无助的或讨厌的青春期表现都可被看作青少年处理负面情绪的方式。无论是直面、忽视、否认、摆脱还是隐藏这些不熟悉的令人充满压力的经验，都是一种掩耳盗铃——如果压力无法被直接感觉到或表达出来，就可以当它不存在。

“我是谁？”

离开熟悉的事物所带来的悲伤——比如，告别相对安全的、充满确定感的童年，告别自己所熟知的、认识的东西（包括自己所熟悉的原来的身材和外貌）——在孩子身上引发的混乱超出了大家的意识。青少年们现在不得不迈向充满未知和不确定感的未来，在这条路上，每一步都是一次考验，也是一种新的探险。造成了这种尴尬处境的核心因素是他们还无法离开父母与家庭，虽然他们看上去显得很独立。但一味强调此时的困境可能夸大了童年的美好。当然，对于在童年过得并不开心的孩子而言，青春期反而是令人期待的，这会让他们毅然决然地抛下童年，头也不回地向前走。的确，青春期提供了第二次机会，让孩子能够拥有之前无法获得的经验或发展——无论当时是因为健康、某种丧失、分离还是其他挫折和困难而无法拥有这些经验或发展的。

贴心小叮咛

对于在童年过得并不开心的孩子而言，青春期反而是令人期待的，这会让他们毅然决然地抛下童年，头也不回地向前走。的确，青春期提供了第二次机会，让孩子能够拥有之前无法获得的经验或发展。

就如同我们所看到的，在12—14岁，最让青少年伤神并甘愿去冒险的是要弄清楚自己到底是谁，而且往往和父母的想象以及希望中的样子大相径庭。生理上与心理上的认同成为重要议题，所进行的各种实验成了孩子尝试整理此议题的主要方式。这些实验既是孩子们避免焦虑的方式之一，也可成为建立认同感的方式之一，尽管这种认同感往往尚不稳定而且很脆弱。正如我们所见，此时对于大人的权威以及自己的测试与挑战都是最激烈的。有一天，13岁的史蒂文问妈妈："世界上的每个人都觉得自己是最重要的吗？"这个深切又简单的问题基本上是要试着了解自己。但这也表示孩子发现自己其实并不像自己认为的那么特别：每个人都认为自己是特别的，而且每个人都是特别的。如果你不再认为自己很特别，你该如何脱颖而出呢？问题是，孩子们既想要与众不同，又害怕与众不同；他们只想要在一定的范围里与众不同。在这个年龄段，这种将孩子们向前推的勇气常伴随着让人裹足不前的焦虑。面对这么明显的矛盾，家长常会感到茫然，或许这种情况恰好映射了父母复杂的感受：既想要推着孩子往前走，让他们快快长大；又心想“孩子终有一天会离开家”，因此感到哀伤与失落，于是又想要留住他们。

勇敢做自己

早期的感受可能被相关事件唤醒，让人回忆起：刚学会走路的孩子才刚离开妈妈的视线出去探险，就急急忙忙地跑回妈妈身边的样子；母亲既希望孩子能够快点断奶，又为断奶后不再能与孩子这般亲密而感到失落；父亲觉得宝宝挡在自己与太太之间，希望回到以往甜蜜的两人世界中。这类感受会因为孩子在家中排行的不同而出现很大的差异。有两个哥哥姐姐的12岁孩子的经验可能和其哥哥姐姐不一样。类似地，有弟弟或妹妹的青少年也会有和弟弟妹妹相当不一样的感受。每个孩子在家中的排行与他们在青少年阶段的发展脉络有很大关系，而且比一般所知的还大。举例来说，弟弟妹妹是否来得太快了？他们是否需要为弟弟妹妹扮演“好哥哥／好姐姐”的角色？他们是否需要照顾情绪消沉的母亲，或代替缺席的父亲？

孩子们之前的生活经验很重要，因为青少年小时候所遇到的问题，以及当时是否有人理解他们并帮他应对，会左右他们对青春期压力的感受。比如，孩子或父母以往是否能表达自己的感觉，是否可以及时处理他们的愤怒、悲伤或焦虑。面对一般的青春期压力时，若产生极端的行为表现与过度的反应，背后通常有源自小时候的问题或潜在的紧张关系，而这些在当时可能从未得到充分的承认或妥善的处理。

贴心小叮咛

孩子们之前的生活经验很重要，因为青少年小时候所遇到的问题，以及当时是否有人理解他们并帮他应对，会左右他们对青春期压力的感受。

大家一直觉得13岁的安妮是相当有自信且聪明的“模范生”。然而，在一次钢琴考试之前，她突然惊恐发作。她毫无原因就无法呼吸，不停地颤抖，只能从考场中跑出来。3年前，安妮的妹妹因为一次严重的车祸而受伤，妈妈一直相当难过与消沉，对无法预防这样的意外相当自责。安妮则成了妈妈的主要照顾者，她试着当妈妈的“妈妈”。为了鼓励她，安妮得努力当个可以帮助他人的好学生。

在深入了解了安妮惊恐发作的原因之后，人们才得知在好女孩的外表下，安妮长久以来深埋在心中的恐惧，她怕自己不够好，很邪恶；害怕是因为自己的好胜心和成为母亲的唯一的希望导致了可怕的结果；她“好得不真实”，只为了当“妈妈的小天使”，不停地挣扎着想要补救（终将失败）一切痛苦、不完美或缺点。这些都形成了巨大压力。现在，即将到来的钢琴考试所激发的竞争性与毁灭性感受把安妮故作镇定的外表击得粉碎。

安妮开始理解自己是在扮演一个完全不同于自己的人，她隐藏起自己的哀伤和罪恶感，以便符合他人对自己的期望，满足他人的需求。这让她牺牲了对自我的感受。母亲本身由于类似的恐惧而过于沮丧，无法帮助大女儿，也不能让安妮充分厘清发生在妹妹身上的意外以及嫉妒所引起的非理性恐惧。在对学校的辅导老师——一个与家庭没有关系的人——诉说了这些焦虑之后，安妮终于有机会处理那些令其不安的陌生的感受了。从这个新观点出发，安妮发现其实自己并不是自己所以为的那个人，她也不希望自己是那个样子，正是因为之前的默许，才让安妮个性的其他方面备受威胁。

贴心小叮咛

为什么孩子不敢做自己？有以下几种可能：太胆小了而不敢有所突破；太体谅家长的压力；太满足于现状了；太认同父母的观点与价值观，而不敢冒险拥有自己的看法。

安妮和桑德拉各有需要服从的潜意识动机。其他人之所以服从，是因为这样做比较开心，而背后的原因可能各有不同——也许是太胆小了而不敢有所突破；太体谅家长的压力；太满足于现状了；太认同父母的观点与价值观，而不敢冒险拥有自己的看法。每个青少年都有自己的发展步调。有些人晚一点才会进行自己的实验与挑战。另一些人的实验和挑战可能以不同的或较不明确的形式呈现。

寻觅及考验真实的自我

在这个年龄，更常见的是青少年想要检验每一个人和每一件事。发现哪些“不是我”，是厘清“我是谁”的相当重要的一步。家长可能往往无法理解，此时的孩子所质疑的对象其实正是父母，发现自己对父母的需要仅是生活中的一小部分。这些叛逆、拒绝，有时甚至是赤裸裸的残忍，可能反映了孩子的焦虑，需要在已知的世界和可靠的家庭关系之外找到某种自我的定义。以往孩子表达这些感受时，大人们常会横加批评，摆出高高在上的姿态。现在，在面对孩子们对老一辈的批评和高高在上的态度时，大人们会觉得很难接受。

大多数12—14岁的孩子已经从将自己定义为爸妈的儿女而进入下一个阶段了——探索在离开父母之后，自己又是谁。在仅仅是爸妈的儿女以及身为独立的个体之间，孩子们反复思索着二者之间的关系，对这一问题越发关注了。正因如此，青春期初期的青少年经常开始问起自己的亲生父母。此外，他们也一直在原生家庭里努力忍受和整合（或拒绝）各种线索，为的是确认自我。

当被领养的孩子开始问“我是谁？”时，他们与养父母面对的情况会更加艰辛。关于自己可能会成为什么样的人，孩子们只能够从养父母那里得到很少的线索，甚至可能毫无头绪。对于生长在原生家庭里的孩子来说，有机会质疑、接受或拒绝父母的人格特质是自我认同发展中的一个重要的部分。但是被领养的孩子很难获得关于自己的有效讯息，还要接受自己有两对父母，但他们各自的过往十分混乱、难以理解。对任何年龄的孩子来说，这样的情况都会令人感觉心寒而孤独，但对于刚步入青春期的青少年来说，问题尤为严重。他们可能会发现自己越来越需要不断证明并测试自己，尤其是证明并测试养父母对自己的爱，希望借此找到某种安全感、自己的意义以及某个可以认同的父母榜样。

贴心小叮咛

对于生长在原生家庭里的孩子来说，可以有机会质疑、接受或拒绝父母的人格特质，是自我认同发展中的一个重要部分。

音乐品位

音乐品位通常是不同代际的家庭成员首先没法共享的一个东西。音乐传达出了不同的声音，和不同代际对不同群体的拥护。或许，在文化上，对青少年来说，音乐是界定自己与父母之间差异的最主要因素。现代青少年的文化反映在对于流行音乐的喜好上，其特性包括前所未有的种族融合、充满生机、敏锐的、嘹亮的、即兴的，以及准确表达了新一代的声音、歌词、旋律和节奏。音乐是进入人生的下一阶段的重要象征，或是标志与团体建立了纽带与认同的重要部分，也是一个用来区分自己与成人的重要且根本的分野。这种指标通常也能让许多不同的同辈团体变成同道中人。

15岁的苏莱雅是这样形容自己和朋友们的。“12岁时，听音乐其实是要认同某种形象，而不是真的喜欢或想要了解那些音乐。”她回想起那时候爸爸很喜欢她买的一张音乐专辑，苏莱雅害羞地说，就因为这样，自己再也没有听过那张专辑。这种对不同代际对音乐的喜好不同的坚持，远比自己的喜好本身更重要。

服饰风格

对于服饰的选择，也跟音乐喜好一样——服饰与音乐都能强烈地表达团体认同与仪式化行为的差异与归属感。孩子们需要追求与父母或权威人士之间的区隔，或对新的人生榜样的追随，虽然其中难免要冒一定的风险。他们往往倾向于甚至必须穿得和别人一样，虽然大家仍有细微差异，却难以觉察。青少年对于运动鞋、发型或系鞋带的细节的热切关注，在某种程度上几乎对同伴的穿衣风格达到了盲从的地步，这能带来一种非正式的归属感，并试图将彼此的差异最小化。但在某种程度上，他们也会通过不停弄头发和打扮自己以及对这些的喜好（男女生都一样）来表达对正在发育变化的身体的焦虑与兴趣，同时也说明他们对待集体生活的态度是非常认真的。

孩子通过和爸妈持不同意见来定义代际间的不同，而当中的确有许多看起来不适当的表达方式。皮特的父亲的招牌特色是穿着旧牛仔裤和留着及肩的长发，而14岁的皮特会认真地熨烫牛仔裤，穿白衬衫并打领带，穿混合金线材质的袜子和塑料凉鞋。正如皮特的期盼，爸爸无法理解他的这身打扮，且相当生气。他将儿子的穿衣风格视为对自己的人身攻击，无法分辨这种行为到底是出于儿子对父亲纯粹的敌意，还是出于将自己与父亲区分开来的迫切需要。这位父亲的特立独行使得皮特比许多同时代的年轻人更难与父辈有所不同，以追求青出于蓝而胜于蓝的效果。

通常在这个年龄之后，青少年们会强调自己的“风格”有多么特殊，但是他们对于父母的选择没有太大的影响力。爸妈的穿衣风格或对汽车的品位尤其会令这个年龄的孩子感到尴尬。许多家长送孩子上学时，孩子都会要求爸妈在远一点的地方让自己下车（就算外面大雨滂沱），免得朋友们看到后品头论足。

休闲活动的选择

从青少年的自我表达以及闲暇爱好可以看出，他们都有一种冲动，想要生活在危险之中，而且男生和女生对于危险的边际有不同的定义。男生身体力量的增加以及由激素激发的旺盛精力怂恿着他们不断试探自己胆量和力量的极限。他们会在体育活动中全情投入，直至筋疲力尽。在这个年龄，最重要的是过程本身，而非最后的结果。但是像篮球、空手道、足球、山地自行车以及滑板等运动本身能让人充满激情，成为一种奖赏，因为它们能带来社会名望，而且极具包容性。无论是在男孩群体中还是在女孩群体中，有一副“强壮的体格”和擅长运动对男孩来说是一笔巨大的财富，就像肥胖或相貌平平是一种可怕的负担一样。

身为运动员，在自尊的培养上会特别有收获。他们往往受人崇拜和尊敬，很少有被欺凌的困扰，或被排斥的苦恼。然而，在他们想追求更高的运动成就的背后，可能有其他的焦虑隐藏在光鲜的外表之下——担心自己在其他领域失败或能力不足。开始常发生意外，或当训练变成一种偏执而无法带来快乐，便是危险的讯号。整体来说，体育成就可为许多青少年男生不竭的精力提供某种支持性的、建设性的管道。若没有这样的管道，他们可能会找到其他更不适当的出口来宣泄心中的焦躁不安和漫无目标，正如在这个年龄的男孩身上常能看到的，总是精神紧张、攻击性十足。然而在更具破坏性的青少年身上，原本可通过体育活动抒发并得到包容的挑战欲与兴奋性，则可能促使他们做出违法犯罪行为，比如结伙抢劫、偷窃、私闯民宅。当他们年轻有力的双腿带着他们成功地逃离了大人的追缉时，他们的肾上腺素飙升，既害怕又紧张，甚至还会在挑战与掌控之中得意地感觉自己无所不能。青少年也可能过度饮酒或吸毒，特别是吸食大麻，以回避旺盛的精力和充沛的体力带来的冲击，或者防御反抗一切以及犯罪的冲动。

也许在某些心境下，勇敢的行为和体育专长明显无关于对刺激和危险的偏爱，也无关于其他焦虑，而是出于渴望了解愿望和愿望达成之间的关系，渴望不停地检验现实，想要探索自己的雄心壮志与实际的可能性之间的界限。家长们需要相信孩子可以承受某种程度的风险，让他们犯一点错并自行承担后果，但仍需坚守双方沟通且同意的底线，尽管孩子们会不停挑战和忽视这些限制。

贴心小叮咛

孩子渴望不停地检验现实，想要探索自己的雄心壮志与实际的可能性之间的界限。家长们应该让孩子承受某种程度的风险，让他们犯一点错并自行承担后果。

这个年龄的女孩也会借助身体来挑战底线，但她们更可能热衷于展现自己的性魅力，而非体能上的竞争。14岁的罗斯连续好几个晚上都外宿朋友家，而且没有向父母报告自己的行踪，气得妈妈对她狂吼："你到底想要怎样？""我就想做我想做的事，不用你管。"罗斯暴怒地回答。"不行，你至少要打个电话回家，告诉我你在

贴心小叮咛

这个年龄的女孩也会借助身体来挑战底线，但她们更可能热衷于展现自己的性魅力，而非体能上的竞争。

哪儿。”在一阵激烈的争吵后，两人沟通的结果是，如果罗斯想要在外过夜，她就必须告诉父母自己身在何处；如果她需要有人去接她，爸妈会马上赶过去；如果她晚上11点以后还在外面游荡，至少要有两个以上的朋友做伴。

挑战自己和父母的极限

罗斯和朋友艾玛在12—14岁的这几年中不停地追求刺激和冒险。那些年为了追求某种地位，她们承受了巨大压力，她们倾尽全力想要成为重要的人物，无论是性爱、吸毒、在身上穿洞还是其他轻率鲁莽的行为，可谓无所不用其极。罗斯和艾玛表示，当时自己不知道为什么相信世上有“守护天使”可以保护她们免于可怕的遭遇。她们也聊到15岁那年，当发现自己的“守护天使”其实就是爸爸和妈妈时，她们也着实松了一口气。有时，带朋友回家会发现，其实两代人在一定程度上还是可以进行沟通的。

艾玛描述了自己12岁时和“年龄较大的男生爱抚拥吻”时，感觉是多么糟糕。

> 我一点也不想要这样，一点也不喜欢，我觉得很可怕，不过也觉得很刺激，我应该是想要这样做的呀！在

我尝试抽烟和吸毒时，觉得非常恶心，但为了长大，我必须做这些讨厌的事，还要表现出很喜欢的样子。

罗斯和艾玛通过尝试了各种被严令禁止的事情，来发现自己到底应该是什么样子的。两个小女生讲到了那个时候，她们不再依恋父母，而是迷恋迷人的充满魅力的学长们，赢得他们的青睐是最直接的挑战。她们追求地位，为受到他人瞩目而开心，别人的自吹自擂和虚假承诺（“我可以让你免费加入俱乐部”或“我随时可以帮你找到工作”）就能令她们受宠若惊。正如我们所看到的，因为女生比男生成熟一点，所以在这个时期，她们通常会和比自己大两三岁的男生交往，并发现自己所参与的活动，尤其是性行为方面的体验，比同年龄的男生早熟许多，这既让人觉得刺激、兴奋，又令人恐惧、害怕。

贴心小叮咛

这个时期的女生比男生更成熟，她们通常喜欢和比自己大两三岁的男生交往。

艾玛和罗斯形容其他的女生朋友们要不就是像自己一样，用她们的话来说，就是“荡妇”；要不就是故作自我保护的姿态，变成“男人婆”。虽然这两种类型截然不同，但都是通过认同女性/男性世界当中夸张可笑的部分，来闪避“女性特质到底对她们个人意味着什么”这一复杂问题。这两种类型都反映了女孩想要找到其他方案以取代主要的女性特质榜样——自己的“母亲”。但这两种方式同样反映出女孩们不是想避开、就是太早处理了青春期强加在自己身上的种种现象。不过这样的尝试通常都是暂时的，就像罗斯和艾玛一样，到青春期中期就会有所改变。但是，家长在这段时间也会觉得孩子就是在故意考验自己的极限。

贴心小叮咛

女生的叛逆行为通常在青春期中期就会慢慢消失。

家长的支持与放手

父母通常觉得自己才是被儿女心中的焦虑折磨的人，青少年自己反而并没怎么样。在很多情况下，的确是这样，父母的负担很重。在这个年龄，青少年主要的心理防御机制之一是把讨厌或不自在的感受投射给他人，以暂时减轻内在的紧张或冲突感。因此，家长通常替孩子承受了焦虑和被排挤的后果。父母必须找到一些方法来忍受在多数时候自己并不知道发生了什么事情时的心情；尽管孩子对家庭颇有微词，但父母仍需要让孩子有足够的安全感，仍然觉得家庭是一个天堂；如果得知孩子都做了什么，但仍能面对自己受伤和担心的感受，而不会被吓到，也不会觉得被拒于千里之外；能够了解现在这个“爱小题大做的女生”和“冷酷无所谓先生”，仍然是之前及未来那个惊慌的孩子，随时可能感觉没人了解自己、无所依靠。

对父母来说，处理这些状况是相当艰难的，首先要明白，直接禁止孩子们的所作所为很有可能会导致他们在背地里继续做出叛逆行为或阳奉阴违；而过度的包容又会让孩子不停寻找方法来考验父母的底线，结果反而导致他们偏离轨道。在这一方面，家庭过去的权威非常重要。就青少年行为的自我规范而言，基于爱和尊重的权威型教养方式以及基于不信任和恐惧灌输的专制型教养方式，通常存在天壤之别。后者会使青少年感觉自己令父母失望了，要为失败负责，未能达到标准，甚至会失去父母的疼爱。当父母利用不信任、威胁恐吓和严令禁止的方式传达自己的焦虑时，效果可能会适得其反。青少年在不断追求自我发展和自我定义时，常常取消被迫做出的承诺，这种胁迫甚至会导致他们犯下某些令人震惊的欺骗行为。尽管面对孩子的挑衅和种种困难，许多家长仍然找到了一个方式来支持孩子度过这个建构内在认同并学会自我克制的艰难的过程。在这个过程中可能会遇到很多挫折和灾难，因为相较于可以谨慎而为的事情，父母所禁止

贴心小叮咛

如何让青少年规范自己的行为，一些家长会本着爱与尊重，对孩子行使父母的权威；另一些家长不信任孩子，会采用灌输恐惧的独裁主义方式。当父母采用第二种方式时，可能会适得其反，造成亲子冲突或孩子的阳奉阴违。

的活动往往才是孩子们最感兴趣的。

一个15岁的孩子回想起他和弟弟当年都不太有兴趣参加一个由13岁少年组成的大型狂饮社团，因为他的父母们从来没有限制他们饮用酒类饮料。这对兄弟从很小就开始在一些正式的场合喝掺了水的红酒。“或许，”他补充道，“那种态度是有帮助的，因为我们觉得爸妈够了解我们，会给我们一些指引，但不会一直唠唠叨叨。”

相反，另一个孩子来自教育水平较低、但很有野心的家庭。他刚获得剑桥大学优等生的成绩，回想自己在私立学校靠领取奖学金求学，准备各级学校入学考试、大学联考和大学期末考时的种种辛苦，他说：“这是我为父亲做的最后一件事。”直到这时，他才开始探索除了是一个聪明的学生和听话的儿子，自己到底想要成为什么样的人，以及真实的自己是一个什么样的人，而这个过程会更加辛苦的。他父亲对他的高期望的确给了他很大帮助，但也让他付出了代价。

第六章

青春期风暴

在这段时间，青少年自我探索欲望的核心是如何处理爱和失去——和父母分离时会触及的原始情绪。

在这个过程中，青少年难免要承受冲突、悲伤、失望和焦虑；这个年龄的特征就是很容易走极端，尤其是当正常而适宜的探索失去控制时，令人担忧的问题便会出现。

通常，难就难在不知道底线在哪里，该在哪里“收手”，到哪里是“越过了红线”。

这也是父母的辛苦之处，这些问题也会在父母身上引发强烈的感受；若父母能与青春期的自己有所交流，重拾当时的感受，绝对有助于了解眼前这位青少年。

正如上一章所描述的，在12—14岁，青少年的核心发展任务就是靠自己的力量确立自己的身份；在这段时间，考验、区分以及探索底线常常是亲子关系的特点。如果超出了青少年、家长、学校乃至社会的容忍范围，任何一条自我发现之路都可能走向令人担忧的方向。它可能表现为反社会的、绝望的、违法的、偏执的甚至严重自我伤害的行为或心理状态，或超出了理性的控制。

自我探索欲望的核心是如何处理爱和失去——和父母分离时会触及的原始情绪。在这个过程中，青少年必然要承受冲突、悲伤、失望和焦虑。这个年龄的特征就是容易走极端，尤其是当正常而适宜的探索变得失控时，令人担忧的问题便会出现。通常，难就难在他们不知道底线在哪里，到哪里“该收手”，到哪里是“越过了红线”，所涉及的领域包括电脑游戏、饮食、毒品、酒精、性行为、整齐清洁程度、学校作业，等等。

这也是家长特别辛苦之处，因为这些问题也会在父母身上引发强烈的感受。生气愤怒、丢脸尴尬、罪恶感和悲伤苦恼等情绪往往令人更难以把这些谩骂——无论是指向青少年自己的，还是指向父母或外部世界的——视作重要的沟通形式，只是所传达的真正的讯息往往被表象遮蔽住了。

若能对这样的沟通有一定理解，就能在一定程度上明白问题的关键并包容这些问题。困难在于，就其本质而言，这种更为极端的行为往往会抹杀其背后的想法和意义，而将重点放在行为和对其的反应之上。青少年从12岁开始获得了更多自由、独立性和责任感，他们很渴望这些，但也因此常会制造许多问题和偏差的决定。卢克透露：

> 我有时会变得很沮丧，一部分的我知道可以挣脱这样的情绪，但我又不想挣脱，我有点喜欢这样，我想我真的很想得到妈妈的照顾。

这样的感觉非常强烈深刻，唯一能做的就是表现出来，即“付诸行动”。这样的“行动”是内在痛苦的反映，通常与外在的可理解的压力有关。但它们往往没有任何明显的起因。许多12—14岁的青少年不知道自己为何会突然有那样的感受，他们之后会感觉更糟，却没能看出任何原因。常常，这个世界会突然变得如此无望和乏味，一个小小的变化就可能骤然改变一切。

有一次，13岁的卡罗尔在狠狠发过脾气后，感觉很沮丧，却不知道为什么，什么都不对劲，很无聊。面对朋友，她感觉自己像一个局外人。整体来说，简直糟糕透了。几分钟之后，邮差送来了一份杂志特刊，是她之前邮购的。突然之间，她整个人被点亮了，“我想大概就是因为之前订购的杂志还没来，让我觉得有点失落吧！”这似乎是一个关于存在主义焦虑迅速转变为普通的挫折和满足的糟糕的案例。

如果未即时送达的不是杂志，而是朋友没能准时赴约，或朋友不愿按照原来的安排参加活动，临时改和其他人消磨时间；或是大家都受邀去参加派对，只有自己没有收到邀请函等状况，情况会更糟糕。在这个年龄，处理这类挫折和失望的能力通常与许多因素有关，而这些因素也和事件本身的风险有多大，可能造成多大伤害，或会引起哪些毁灭性的行为有密切关系。首先，如之前提到的，青春期对不同的孩子有不同的影响。有些人会突然爆发戏剧化的强烈情绪，包括愤怒和攻击性，以及激情和欲望；结果他们会因自己无法控制这些冲动而痛苦不已。而其他人则没有如此强烈的情绪及困扰。而处理控制这些新情绪的能力在很大程度上取决于能否与他人沟通自己的感受、对这些情绪的了解程度，以及自己在家中的既有表达方式。有些孩子觉得爸妈理当恰当且有智慧地考虑自己努力想要传达、沟通的事情，并给予响应。他们知道，若自己无法处理情绪，至少有人能在精神上帮自己“承受”这些感受。青少年也能逐渐做到三思而后行，“承受住”自己的强烈感受，而不会突然发狂、崩溃或被这些情绪驾驭。

父母之前用来对付麻烦的小婴儿的忍耐力、接受力和反应力，常常在孩子进入青少年期时再次受到严峻考验。正如我们所见，这时的孩子特别冲动。他们的应对方法是尝试将之投射到他人身上，而让自己摆脱难堪的感受：要么是让其他人去感觉这些情绪；要么是让别人知道这种感觉有多可怕。若家长仍然能承认、容忍这些，并对孩子抱以同理心，处理类似在婴儿期爆发的种种愤怒、关爱、绝望和依赖情绪，将有助于孩子建立自己行为的界限。对青少年来说，如果父母对他们的能力有一定的信任，他们会更坚强和有勇气谨守自己的界限。让孩子知道爸妈基本上是相信自己的，并能在逆境中给予自己适当的支持，可帮助青少年培养莫大的自尊心。

然而，这种对父母支持的信心不应发展成纵容和放任孩子。另一方面，家庭的立场如果太偏狭，比如明显不信任或怀疑青少年，或让对错难以判断，都不具有建设性。无论是哪一种，习惯了如此极端的教养方式的孩子通常会特别难以控制自己的行为与冲动，因为他们缺乏真正区辨对错的内在规范并加以遵循。在面对特别宽容的家长时，他们可能变得更有罪恶感，对自己要求过高，并在自我放纵和自我憎恨之间挣扎。然而，在面对过于严格的父母时，他们可能会以一种“以牙还牙”且欠缺考虑的反应方式对其他人怀着报复的心态。

家长应该是能够分辨需要和想要之间的差别的人；是能够分辨孰重孰轻的人；是能够坚持自己心中的正义的人，就算要为之战斗也不放弃；是能帮助孩子培养这些能力的人。在青春期，试着培养这样的能力是相当重要的，即使有时还无法熟练掌握。

在一个家庭里，若连父母都无法控制自己的冲动，青少年也很难自我控制——凡事不是过度，就是不足。过于严格死板和专制的家长会在无意间促使孩子走上极端，而且还以为孩子的所作所为仅是为了探索极限在哪儿而已。

12—14岁是身体变化最大的时候，并伴随情绪与人际关系的波动起伏，一切既陌生又夹杂着兴奋与恐惧，因此对青少年本身和家庭或学校中的其他人来说，都是巨大的挑战。所以，如果说14岁这个年龄是“无意识地用行动来表示或发泄受压抑的情绪状态”的巅峰时期，一点也不必惊讶。

发现了吧，我偷了东西

14岁的苏珊曾因偷窃而被逮到。直到老师问苏珊的母亲，为何她会穿戴昂贵的衣服和珠宝到学校来，此事才浮出水面。老师是担心她，而非想要惩罚她，因为她知道苏珊有好一阵子都不太开心，所以建议她与咨询师谈谈。老师的态度让苏珊愿意分享心里的想法和感受，相较于苏珊之前偷拿妈妈的小物品和零钱的行为，这次的情况比较严重。她偷拿了外祖母的钱去买昂贵的衣服和戒指。苏珊提到，有一次她的朋友偷了东西，她却替朋友顶罪受罚。老师这才意识到苏珊可能是希望被关注，才会如此明目张胆地穿着偷钱买的衣服到学校上课。

老师把这些猜测告诉了苏珊，她也同意老师的看法，开始哭诉自己这几年来的遭遇。偷窃的行为是从母亲的男朋友在2年前毫无预警地搬进了她家开始的。而苏珊的父亲在6年前去世了。她当时觉得自己不但失去了爸爸，也没有了妈妈，且没有任何人关心自己。苏珊在家时常闷闷不乐，在妈妈的男朋友面前，她公然和妈妈进行着竞争，这让她备感烦恼。苏珊了解自己正把妈妈逼向极限，并试图破坏她和她男朋友的关系，但她无法克制自己。为了克服失去亲密伴侣的失落感，母亲奔向了男朋友的怀抱，而不是与女儿相互取暖，寻求慰藉。苏珊为此非常绝望——没有人可以了解或承受她的需要。她非常生气，觉得自己被遗弃了，甚至考虑过用自杀来报复母亲，好让她“后悔”。但是，“不知道为什么，”苏珊解释说，“我最后改成了偷东西。”

老师建议苏珊的妈妈和她的男朋友一起到学校来进行讨论。当母亲得知女儿多么不快乐时，她非常难过。她曾猜测苏珊是在嫉妒自己有男朋友，但她以为苏珊最终会长大。她表示苏珊在父亲去世时并没有显露太多哀恸的情绪，她以为女儿已经从失去父亲的伤痛中恢复过来了——在妈妈看来，苏珊表现得像一个可以依赖的对象。她表示，自己当时太过悲伤，而没有注意到苏珊的状况。

苏珊的嫉妒当然是相当重要的感受，但此外，还需要探讨隐藏在失去父亲的哀伤之下的更深层的情绪。苏珊一开始试着通过照顾母亲来克服这样的感受，因为她认为唯有如此才能得到相同对待，所以她以自己需要的方式来对待母亲。当妈妈的男朋友取代了自己的角色时，苏珊觉得再没有东西可以给母亲了。她诉说着和妈妈之间的竞争、愤怒，甚至是憎恨。这种陌生的敌意让她很有罪恶感，且非常疑惑。此外，在自己逐渐性成熟之际，妈妈有了新男朋友。她无法接受，并担心自己是否能像妈妈那样有魅力，可以交到男朋友。

苏珊的偷窃行为可被视为想要从母亲和外祖母身上重新获得某些她认为本应属于自己的东西。或通过某些东西——例如，女性化的物品——来减少焦虑，她认为拥有这些物品能够强化自己的"形象"，并吸引男孩。偷窃对她而言还有第三个功能：可以得到惩罚以减轻罪恶感——不是关于偷窃行为本身的罪恶感，而是攻击了妈妈和其所拥有的亲密关系这件事。

偷窃行为是悲痛哀伤的警示信号——因为没人注意到苏珊最初想传达的讯息，于是她需要逐渐增强讯号。幸运的是，在这个案例中，老师很快解读出了偷窃行为背后的意义，并和她进行了讨论，让她不再强迫自己继续偷窃。

偷窃是反社会行为之一，12—14岁孩子的父母发现在这段时间，孩子经常会挑战权威、调皮捣蛋，甚至是用犯罪等失控行为引来惩罚，因此认为应该给予孩子更严格的管教。但这些行为的背后往往有潜藏的原因，通常是隐藏的冲突、矛盾、困扰或烦恼。了解

贴心小叮咛

青少年的偷窃行为包含三重目的：重新找回失去的东西；强化自己不够好的地方；通过被逮到而受到惩罚以减少罪恶感。

这些偏差行为真正的意义，并以适当的方式加以解决，对家长来说并不容易。因此，经由细心体贴的第三者，例如学校老师，来厘清怎么做才最有利于孩子，通常会很有帮助。

酒与毒品的诱惑

未成年饮酒、嗑药（如溶剂或毒品）是青少年的另一个问题，也是大多数家长发现自己不得不面对的，包括他们为孩子担心，他们对于违法和不节制的看法，以及该如何处理。跟偷窃一样，它代表许多意义。相较于一味焦虑、禁止或完全忽视，若能尝试去了解孩子为什么会喝酒、嗑药、吸毒，绝对更有帮助。

青春期的冲击对许多青少年来说可能都"太多了"。喝酒和吸毒是获得解脱或逃避的方式之一，是这个年龄很难抗拒的诱惑，他们以此改变心情来闪避生活中让人担忧、讨厌的各种困扰，也让自己及世界看起来更容易掌控和有趣。这个年龄的男生特别容易感到不快乐、无能为力和自卑。这也是他们的压力和冲突的来源，尤其正当女孩们看

贴心小叮咛

青少年的冲突和压力来源是不快乐、无能为力和自卑感。这些往往也是他们使用毒品的原因；禁用之后，父母必须正视这些感受。

起来越来越强势、有自信和有能力的时候。然而，这也可能和青春期渴望新体验有关，他们认为这类体验会让自己获得更重要的自我发现。

另外，当面对家长的责难时，孩子可能利用毒品和酒精来反抗，尤其是当朋友当中有不少人采用这种方式与态度时。食用微量的毒品或酒精会带来某些愉悦感，然而若超量食用，就如同许多自我伤害及违法犯罪行为，会让人前所未有地兴奋，误以为自己可以不顾一切、无所不能、无忧无虑；产生一种虚假的成熟感，以为自己不需要经历成长的痛苦就已经长大了，可以独立了。藐视社会规范通常能让青少年在其他年轻人中获得了崇高的地位。特别是吸食毒品和酗酒，是为了让自己看起来对某些事情是“冷酷无情”和“无所谓”的，而这些事情也恰好是其他同龄孩子觉得复杂和麻烦的。

父母对此较适当的反应是先了解事实，了解不同的药品或毒品的实际危险和影响，由此辨认出孩子发出的警示信息，并辨认自己的担忧是否合理。

14岁的莎拉已经吸食大麻有一年的时间了，大麻是从姐姐那儿搞来的。有一次，她和爸妈一起看电视，电视里播出了有关青少年嗑药吸毒的节目。母亲表示：“这些人的爸妈是怎么了？如果你们这样做，我们一定会知道的。”莎拉的爸妈不认为女儿会对毒品有任何了解和接触。或许是他们从来没有留意相关的征兆。无论如何，父母对此的忽视，在短时间里让女儿获得了一种解脱，带有胜利的意味。但她们的毒瘾越来越大，事情也终于败露，而莎拉和她的姐姐也发现自己得不到家中的任何谅解或支持，父母既不原谅她们的成瘾行为，也没有关心这背后潜藏的问题。这个家庭在愤怒和痛苦中爆发了巨大的冲突，这个痛苦的过程揭露了一个必须面对的事实：长久以来，这个家庭一直缺少真正的沟通和情感的交流。

相反地，喝酒和嗑药吸毒其实也“可以”成为自我探索中较有帮助和建设性的一部分，是一种质疑家庭与社会惯例的方式，就像是在告诉父母：“你怎么会认为吸毒是很糟糕的事？你自己就在天天抽烟喝酒来毒害自己呀！”这种极具青少年特色的质疑与挑战并不是因为孩子们要自我毁灭或逃避现实，他们只是在经历挑战规则的时期，一个接受自我并适应自我的必经之路。青少年正在寻找答案，或根据自己的经验获取结论，而非借助父母的教导。

贴心小叮咛

喝酒和吸毒是一些青少年用来解脱或逃避的方式之一，是这个年龄很难抗拒的诱惑。他们借此改变心情来闪避生活中让人担忧、讨厌的各种困扰，也让自己及世界看起来更容易掌控和有趣。

的确，在12—14岁这个阶段，很多孩子会与父母起争执、自我辩解或抗议，其实是希望自己个性中理智的一面得到支持与了解。因此，这些争论其实表达的是某种对立——一部分的自己希望自己非常自律，其他部分则忙着藐视与嘲笑。这种角色颠倒很有趣，虽然常常让很多家长气愤不已。青少年们会采取强硬的态度，对爸妈的习惯方式持反对意见，坚持唱反调来嘲笑父母。

毒品文化对任何青少年的家长来说都是恐怖的，担心孩子由“吸大麻”发展到吸食更严重的毒品，或害怕孩子因共享针头而染上艾滋病。父母会不断付出代价来学到一件事——“禁止”代表的就是“邀请”，自己是无法控制孩子的。除了为孩子解释吸毒的风险和后果之外，家长更需要思考自己的立场和抱持的态度。父母需要注意自己的“瘾头”——香烟、酒精、安眠药、镇静剂甚至是过劳——对孩子来说代表什么意思；也必须深思之前提到的动机与需求，以及每一种毒品对孩子来说所代表的意义是什么。

格林太太惊恐地打电话问朋友，说她先生临时有事回家时，竟发现14岁的儿子尼古拉斯和几个朋友不去学校上课，而在家中吸食大麻。她想知道自己该怎么办。

> 我知道他是有点莽撞、不守规矩，他12岁了，我们发现他抽烟，于是知道要对他严格管教。但尼古拉斯说他戒烟了——不过，抽大麻就是另一回事了。

格林太太表示自己已禁止儿子接触这些东西了，但不确定他是否遵守了，“他变得阳奉阴违，我真的不能完全相信他。”两个月后，另一位母亲打电话向格林太太告状，因为尼古拉斯在学校给同年级同学提供兴奋剂。这位母亲质问格林太太："他哪来的钱买这些东西？"原来尼古拉斯每个月都有零用钱，而格林夫妇得知儿子吸毒后，毫无警觉，继续给尼古拉斯提供资金，完全没有意识到这对孩子会有怎样的影响。

家长发现自己可能在无意中用两种方式资助了孩子吸食毒品或嗑药：一种是孩子偷了父母的钱；另一种是诉诸威胁或暴力。当孩子被毒瘾控制时，限制零用钱的做法就不可行了。父母面对孩子的毒瘾发作，强烈的挫败感和绝望犹如疾风般袭来。这种状况在12—14岁越来越常见。家长们简直吓坏了，相当无助。这时，寻求外援是必要的，虽然不会马上见效，往往要到即将造成无法挽救的伤害时，才能从危险边缘将孩子拉回来。

只有像安妮这样特别的青少年，才能对父母明确说出她的愿望与焦虑。安妮最近跟一群14岁的青少年相处甚欢。这群人常吸食迷幻药。安妮有点想试试看，不过她的朋友曾因吸食迷幻药而有过一段很可怕的经历，所以她有点担心。因此，安妮问爸妈若自己尝试吸食迷幻药，他们会怎么想。

如同许多12—14岁的青少年的行为和体验，药品或毒品的文化是隐而不宣、在私下进行的，他们会把对父母的承诺抛在脑后——这件事本身的神秘性就增加了它的吸引力和愉悦感。对药品或毒品的沾染程度有很大的差异。在这个年龄，有些人已经成瘾了，有些人可能仅是浅尝而已，有些人则是把它当作加入团体的门票。

安妮的哥哥偶尔会抽大麻，爸妈对此抱持宽容的态度。但父母对于“迷幻药”或“摇脚丸”的成分和影响只有大致的了解，并不太清楚情况。针对安妮的问题，他们实际了解了这些药物的相关信息之后，感到非常担心，并把这些药物可能造成的影响和危险告诉了安妮。经过讨论，尽管有来自朋友的压力，安妮还是决定拒绝这一诱惑，父母体贴和支持的态度也让她觉得松了一口气。

用大吃或拒吃来发泄情绪

嗑药吸毒都是一种自我伤害。在这个年龄，嗑药吸毒对男生和女生的影响都一样，但不同于喝酒，男生会更难以抗拒吸毒的诱惑，尤其是在面对智力或性征上都比自己优越的女生时，或面对在体育上有成就和“在街头打混出名”的其他男生时。另一方面，虽然也有少数男生会遇到饮食失调的问题，但这种情况绝大多数发生在女生身上。基于自我意识，以及自以为是的想法和对健康的种种理解，青少年经常感觉自己比别人更了解情况，摆出了高人一等的姿态。对于饮食的观点就是其中之一。举例来说，许多12岁的青少年会因不同的动机开始吃素。另一方面，青少年可能模仿父母的态度而抱持高道德标准，尝试说服他人认同自己在伦理道德、政治或经济上的偏好或主张。相比之下，隐藏的内在动机可能是建设性的和修复性的：例如，希望通过环保的方式来保护和修复地球“母亲”。换句话说，尽管这种意识层面的立场会被合理化，但它可能深深根植于潜意识之中，因此年轻人在政治或环境上的立场是很坚定和固执的。

在某种程度上，对食物的某些坚持可能是想要与众不同，以及想要凸显自己的个性，但或多或少还是要融入一般的生活价值观中。相较于有充分理由的饮食改变，如吃素或实行长寿饮食法等，有些女孩的选择更令人不安。绝大多数12—14岁的青少年都不太满意自己的长相——男生的感受绝不亚于女生。不过男生在青春期的变化是长得更高、变得更壮，增加自己的男子气概和影响力。而女生则完全不一样，青春期带来了丰满的身体曲线、浑圆的臀部、隆起的胸部和体重的增加，而且这些改变开始得比男生早。因此对很多少女来说，青春期的成长更多的是向“外”长，而非向“上”长。因为体型的改变和不愿意看到身体有新变化，加上从儿童蜕变成女人之后就再也不能像男孩那样顽皮、孩子气了，导致很多12岁的女生对新的身体既害怕又憎恨，担心自己变胖，决心减肥。这个问题因吃快餐等外在因素而变得更加严重，她们也常会接触到与饮食有关的意见或建议。

纤瘦的体型仍是主流的时尚。这个年龄的少女们开始在乎自己吃了多少，吃的是哪些种类的食物。于是，她们开始挑食，限制自己只能吃某些东西，最后则选择饿肚子。有些孩子会大吃大

贴心小叮咛

有些青春期的孩子会大吃大喝，然后再用吃泻药、催吐的方式来清空肠胃。这样的行为大多反映或补偿了糟糕的心情，尤其是对女生来说。她们或许是害怕失去某些事物，而对食物的厌恶（厌食症状）是一种显示自己能控制生活的方式，因为从小到大都是别人（尤其是妈妈）在操控她们的生活，害怕自己在生活上会失去方向与掌控权。

喝，然后再用吃泻药、催吐的方式来清空肠胃。这或许是对自己糟糕的心情的反映或补偿，也或许是害怕失去某些事物的行为反应。这种想法很简单，对食物的厌恶（厌食症状）是一种显示自己能控制生活的方式，因为从小到大都是别人（尤其是妈妈）在操控她们的生活，害怕自己在生活上会失去方向与掌控权。

拒吃或大吃在潜意识里是相当复杂的问题，通常不是有外在诱惑那么简单，也不是一般常识和爸妈的模式可以解释清楚的。相反，这背后有相当复杂的潜意识原因，涉及分离与个性化，野心与自主。站在心理学的角度，限制摄取过多饮食可能是在制止性成长，同时也无情地控制了各种不同的感受，包括罪恶感、应得但未得到的权利、不为人知的成就感、对卓越成就的需要、通过激烈竞争谋求更好的表现，和残酷要求生理上的（虚假）完美。这些极为重要的感受基本上都与焦虑感紧紧连在一起，而这些焦虑则与和母亲的关系有关，与智力和体能的正常发展有关，与对“成长”的扭曲和竞争性的表达有关。所有这些有意识和无意识的决定因素都是青少年早期问题的缩影。这些都需要被理解、被警惕，还需要专业的建议。

饮食问题还可能偏向暴食症——强迫进食。这样的困扰可能表示空虚，以及在自我发展过程中，缺少或失去了重要的人、事、物，或情况无可挽回地失去了控制。暴饮暴食可能是想把内心的“空洞”填满，或想要控制对匮乏的恐惧害怕，和想要尽早阻止灾难发生。

饮食问题是一种信号，提示在自尊、自我价值和自我评估上面临相当重大的基本难题。不管是暴食还是厌食，对少女们来说，都和痛苦及自我憎恨有关。目前，这类问题在12—14岁这一阶段变得越来越严重。

面对孩子吃太多食物，或不吃东西，或只吃某种食物和奇怪的饮食习惯等情况，父母很难不对这样的行为没有激烈反应，尤其是妈妈，不是觉得遭到了拒绝，就是觉得自己没给孩子准备他们喜欢吃的东西。母亲在面对看起来很荒谬和严格的饮食偏好时，几乎无法控制自己的烦躁和怒气。她们也会为何时该让女儿自己决定饮食方式，或何时该开始担心这些事并寻求帮助而烦恼。以母亲的立场来看，关于食物的争论不可以含糊带过，除非能够抱持宽容的体贴心态，不然可能会演变成其他争议：少女常会将“我讨厌我的身体，所以我讨厌我自己”这样的感受演变成

"我讨厌你，也讨厌你提供的食物"的说辞。

乱七八糟的性关系

就像饮食失调与药物毒品一样，混乱的性关系有其危险性，包括传染的性病或怀孕，这些本是年龄较大的青少年才有的问题，目前在年龄较小的青少年群体中也越来越常见，尤其是在女生中。在12—14岁，混乱的性关系明显是一个危险的自我毁灭的方式，可以表达许多的感受，如害怕、分离焦虑、孤单、自我厌恶、沮丧、对爱的需求、渴望冒险或想快点"长大成人"，也可以表达许多在青春期发展过程中关于不确定感的痛苦感受。现今，混乱的性关系，尤其是缺乏保护措施的性行为所带来的危险包括感染艾滋病病毒、衣原体和梅毒，以及其他可能致命的多种后果。有时，从事性行为可能是青少年寻找自我的方式之一。他们在此过程中想找到自己是谁，自己又想要些什么，以及会有怎样的感受。如果是与很多对象发生肉体关系，彼此却没有亲密的情感或做好避孕措施，最终会带来绝望或失落。无论孩子是否真的知道自己在做什么，他们都是想寻求帮助，或想获得他人的注意。最重要的是，父母要努力了解这些行为背后的意义，本身对性关系也需抱持正确的态度，要能真正在心理与情绪上支持孩子。

贴心小叮咛

在12—14岁这个阶段，混乱的性关系明显是一个危险的自我毁灭的方式，可以表达许多的感受，如害怕、分离焦虑、孤单、自我厌恶、沮丧、对爱的需求、渴望冒险或想快点“长大成人”，也可以表达许多在青春期发展过程中关于不确定感的痛苦感受。

12—14岁的青少年所从事的活动和充斥在他们心中的事物，可能会远超他们的能力所能控制的范围。通常，原因都是相似的：既不能理解，也不相信别人能够理解自己沮丧的感受；企图逃避这些感受；过去能为自己提供帮助的人——也就是父母——现在变得毫无作用了。家长则很难接受孩子不再向自己倾吐心事了，尤其是对单亲家长来说。或许，了解其中的发展过程，以及在某个阶段让孩子做自己，对于亲子双方都会有意想不到的帮助。现在，“做自己”等同于让行为作风和父母完全不同，或有别于爸妈心目中的样子。

对家长来说，困难的是追忆自己在12—14岁时的心态。虽然时代背景可能有极大差异，但若能与当年的自己有所交流，重拾当时的感受，将有助于父母理解眼前的青少年。父母或许会意外地发现，埋藏已久的早期经验竟会影响自己对待青少年子女的方式，更讶异于自己和青少年子女相处的模式几乎完全复制了自己当年和父母的互动方式——那时的自己分明很讨厌这样的方式。记起当初的感受，可以帮助父母免于重蹈覆辙，避免发生相似的冲突和争吵。如此，或许能让孩子自由地建构更有效的表达自我的方式，并在安全和关爱的氛围中，鼓励孩子继续发展独立性。爸妈也许会进一步察觉，其实自己相当认同12—14岁的孩子的反应，这能意外地拉近亲子距离，毕竟，只是口头上说要和青春期的孩子当“最好的朋友”还不足以让父母得到孩子的信任。

现在我们知道，许多问题在青春期中期之后之所以会变得更加严重，可能是在12—14岁这个阶段种下了祸根。我们也看到，了解孩子在这个时期的经历非常重要，以免对食物一时的偏好变成大问题，以免空虚感变成漫无目标和绝望感受，以免自我厌恶变成严重的自我虐待，包括自残、吸食毒品、寻求混乱的性关系和其他形式的自我毁灭，这些做法只会让孩子沉沦。请继续以爱来支持这些彷徨少年，别让不快乐和困惑的青少年们更加伤害自己，而让大人担忧。

第七章

我的家庭真可爱?!

这个时期的问题是，孩子感受到一股拉力，把自己从父母(尤其是妈妈)身边拖走，同时又有另外一股力量将自己推向他们。

青少年发现内在的冲突很难解决，也发现自己的行为会被外在的社会压力左右，以致做出连自己都很陌生的举动。

他们想要继续留在小时候，有人可以帮自己做某些事情，但又想要拥有大人的特权。

青少年会设法适应这个陌生的阶段，他们会探索真实的自我，可能与自己或爸妈原来的期望不一样。

每一步不只伴随着某种丧失，值得庆幸的是，也会在其中有所收获。

家庭生活一直都是孩子生命的重心，和它逐渐疏离是很痛苦的。孩子在这个过程中表现出的残酷或随便的态度通常都是想要掩饰这背后的烦恼和悲伤。以往能给予自己答案的那些人，现在却无法为自己的焦虑或困惑提供建议或意见，而这些焦虑和困惑又比以往更为急迫和可怕了。孩子觉得再也不能仰赖父母的原因有二：一是父母不能再像以前那般，妥善地处理好每一件事；二是这样做主要是为了维持一种亲密感，但这种感觉让孩子害怕、反感或讨厌。一个伤心又幻灭的14岁青少年非常失望地表示："我发现他们并不能帮我生活，我必须靠自己。"

12—14岁时的问题是，孩子感受到了一股拉力，将自己从父母（尤其是妈妈）身边拖走，同时又有另外一种力量将自己推向他们。而青少年处理这个情况的方式往往无法很明确，也不容易维持很久。他们发现自己很难解决内在的冲突，也发现自己的行为会被外在的社会压力所左右，做出一些连自己都很陌生的举动。家长常会发现以下的混乱状态是青少年特有的。他们想要继续留在小时候——有人可以帮忙做某些事情（如清理房间、准备早餐等），但同时又想要拥有大人的特权（如晚睡，担负责

贴心小叮咛

青少年的心声："我发现父母并不能帮我生活，我必须靠自己。"

任，但万一没办法完成任务时，又可以被原谅，否则就得挨骂）。

杰森14岁了，他妈妈对于儿子不断抱怨自己从来不在家这件事情很困扰。母亲问杰森，反正他一天到晚都和朋友在外面，为什么自己在不在家有这么重要。杰森回答："这不一样，无论我在不在家，我就是想要你留在家里。"一个难以承认的事实是，只有拥有一个"在家里照顾孩子的妈妈"，孩子才能够自由地和朋友在其他地方探索生活。对杰森来说，母亲待在家里所带来的安全感，是他进行进一步实验的先决条件，而这种实验与他的一些朋友所享受的那种令人陶醉却又令人担忧的放纵完全不同，这些朋友并不指望得到父母的悉心照料。

因此，在刚开始时，这些"不再是小孩但也还没完全长大"的青少年可能经历了许多不为父母所知的事情，而这些过程是有其必要性的。当家长开始面对这些新状况时，无论愿不愿意承认，都会痛苦又清楚地知道孩子正进入他们自己的世界。青少年的希冀与恐惧，焦虑与冲突，会逐渐增加，并发生在与朋友的关系上，让他们在友谊上挣扎，而这些朋友也面临着一样的情况，甚至有朋友可能要独自面对这一切。父母要清楚地了解自己能做什么，就是当孩子希望透露心事时，花时间陪伴他们。青少年可能希望家长继续扮演原来的角色，留在家里并在自己需要时给予回应。同时，父母可能会觉得自己是一无是处的、愚笨的、让人尴尬的、多余的或烦人的，就像在一般的社交场合中需要容忍或回避的对象。有些日子或有些时候，孩子会希望父母是上述的某

贴心小叮咛

家长们可能需要不停地提醒自己，孩子在这个年龄的主要任务是与家分离。这没有时间表，也不会以特定的方式发生。

种样子；而其他时候，又希望他们是另外一个样子。家长可能需要不停地提醒自己，孩子在这个年龄的主要任务是与家分离。这没有时间表，也不会以特定的方式发生。

父母可能会发现自己逐渐相信，“孩子们再也不需要我了，也不会用以前的方式和我讲话了，就算我在他们下课后或晚上留在家里也没什么用了。”然而，孩子们的反应可能像杰森一样：“但我想要你留在家里，万一我需要你怎么办？”简单来说，这就是给孩子提供了一个合理可靠的后台或基地，让他们可以从此出发，前往外面的世界。何时要熟练地介入，何时又要表现出完全不感兴趣，要找到这当中的微妙平衡并不简单。也许，让父母接受自己无论怎么做都不对是很重要的。这是分离过程当中令人相当挣扎的一部分，并且要忍受当中的痛苦。有时，只有让孩子觉得即将要离开的那个环境不值得留恋，才能完成这个分离的过程。12—14岁的青少年具有一种特别能力，这个精心磨炼的能力在很多时候会让家长觉得自己既没有用处又相当无助。在不久之后，或许可能需要长一点的时间，青少年和家长可能会在彼此之间建立起不同的关系，但在青春期初期这个阶段，父母会感到相当辛苦，不只感觉自己的存在价值荡然无存，孩子或许也会发现自己并不是父母所想的那个样子，甚至感觉不认识自己。

脱离父母的羽翼

每一次，受伤的家长都会认真思量自己遭到的忽视或严厉批判，还要面对自己的缺点，而这些缺点可能是他们宁愿不面对或思考的。原来已经建立好的家庭教养方式和响应模式在这时会再经历一次改变、破坏瓦解和考验，既有而熟悉的权威模式遭到了挑战，或变得不再有任何影响力。的确，父母可能会发现，这些模式本身变得受限制了，或是不公平的、过时的。

这个年龄群体带来了一个基本的且非常困难的挑战，而家长也要做好改变的准备。他们也要能够应对自己内在的青少年，用成熟长大的成人自我来戒慎恐惧且勉强掩盖心底的那个青少年。孩子们常会引发争执，以此了解父母真实的样子。通常，没人会喜欢所发现的事情，尤其是爸妈自己。青少年可能会发觉家长的伪善行为和双重标准，父母则需要认知自己对青少年子

贴心小叮咛

孩子通过引发“争执”来了解父母真实的样子，通常没有人会喜欢发现的事实。不过，如能对彼此敞开心扉、正视自己的问题、找朋友吐露心声，不啻一个增进亲子关系的好时机。

女的年轻、美貌和拥有更多机会的嫉妒。他们可能也需要面对自己难以对孩子放手，或与其分离，让他们自由单飞。对很多人来说，这当中包括痛苦地了解一切已经不像青春期之前那样了，那个“孩子”再也不是“自己的宝贝”了。一直到现在，都是父母在制定规则，做出决定，安排活动，而且父母是孩子们在需要肯定、关爱、建议和安慰时会去寻找的对象。突然之间，在13岁左右，不知为何，他们不再属于自己了——这对许多家长来说相当有冲击性，他们害怕孩子超越自己、遗弃自己，或不再需要自己。他们甚至会挣扎于某些难堪的、令人困扰的事物中，例如，突然被激起的对青少年的性渴望。

贴心小叮咛

突然之间，在13岁左右，不知为何，孩子不再属于父母了——这对许多家长来说相当有冲击性，他们害怕孩子超越自己、遗弃自己或不再需要自己。

虽然很少有人会意识到和清楚地经历这些，但这些不寻常的、讨厌的感受可能隐藏在某些家长的某些反应中，以及对孩子的严格限制中，即一些看起来不合理的规定和刁难，其中可能隐藏着更原始的占有欲和情绪化的反应。父母们或许还不知道引起这些感受的缘由。另一方面，家长可能会有些困惑、反复无常或有180°的大转变，这些也让青少年们感觉更加辛苦，除非所有人都可以诚实地对正在发生的所有事做出反应。此时，若能够与一个贴心的伴侣或朋友分享这些压力和疑惑，会有极大的帮助，也能让自己感到安心。在这个过程中，甚至当为人父母者流露出内在的“青少年”时，也可以获得他人的帮助。

爸妈交了新的男/女朋友

在新组成的家庭中，无论是家长在之前的关系里已经有了孩子，还是另组的新家庭有了新的孩子，12—14岁的青少年都会有相当极端的情绪表达，尤其是会怪罪该为婚姻失败负责的那一方，或是对相互指责的双方。就如同我们所看到的，这个年龄的青少年是以很夸大的方式来看待事物的，他们会带着极大的偏见来对待父亲或母亲的新伴侣，只因为他们不是自己真正的爸爸或妈妈。但偶尔，孩子也会觉得新的家长比真正的爸妈好一点，这无疑会引发罪恶感和疑惑。

通常，所有青少年都对父母怀有仇视、敌对的感受，但不敢表现出来，而是会将怒火导向父亲或母亲的新伴侣。其中一位家长的优点因此会被夸大，或被赋予额外的特质，而另外一位则会被大大贬低，在各种场合当中遭到严厉批评、毁谤和中伤。这样的区分就像在童话故事里一样——在现实生活中将父母分成坏巫婆和好仙子，嫉妒的后母与善良的父亲。这个年龄段的孩子倾向用这种夸张的方式分辨好坏，而将所面对的体验和人物，极端地分成理想中完美的和一文不值的。因此，当分离真的发生或即将要发生时，这种两极化的感觉会更加真实与确定，对此我们不用过于惊讶。这样的两极化和明确的态度对家长和新伴侣来说是特别难受的，因为这碰触了相当多的原始焦虑和感受。家庭结构的改变通常会让孩子们觉得很受伤，但父母不只要认真看待这样的伤害，还要试着引导孩子看到其他的可能性，而且不能忽略他们的压力，或火上加油。

罗恩14岁了。5年前，他的父母分开了。当父亲开始与女朋友乔安妮同居时，妈妈仍然很难过，会抓住任何机会批评罗恩。刚开始，罗恩有着很复杂的感受，对父亲终于不再孤单一人松了口气，因为他终于不用再多花时间陪伴爸爸、替他加油打气了。但时间久了以后，他越来越生气，因为妈妈对此很不开心，而且父亲完全将心思花在新的亲密关系上了。更糟糕的是，他们还考虑生一个孩子。罗恩告诉母亲，自己不喜欢乔安妮了，渐渐地再也无法忍受她了，最后甚至憎恨乔安妮。

一天晚上，罗恩激动地冲进家里，宣称自己再也不吃乔安妮准备的任何食物了。此时，母亲的感受相当复杂。在某个程度上，妈妈听儿子说只吃“她”所准备的食物时感到很高兴，但也担心在此状况下支持儿子会有问题。她觉得这样的情况似乎有点极端、夸张。乔安妮看起来是一个很友善的人，而且明显在努力讨好罗恩。罗恩是想让母亲感觉欣慰些吗？还是因为觉得自己被乔安妮取代了而在嫉妒呢？还是他对父亲生气，需要一个理由来抵制父亲，通过排斥他的女朋友来达成这个目的？或者罗恩对乔安妮的情绪其实是对母亲的愤怒与不满，只是他不敢承认？上述所有情况可能都存在，甚至可能存在更多的可能性。

相对于自己的冲动念头，母亲决定鼓励儿子继续探望父亲，但建议乔安妮不见得每次都要在场。对她来说，最重要的是不能把罗恩与父亲的关系当作赌注。这段关系对罗恩来说非常重要，尤其是在这个时候。他对成人世界的许多方面都产生了激烈的反应。所以要试着支持罗恩和他父亲，并且观察之后的发展状况。罗恩的问题可能是看到了父亲与另一个年轻女人快乐地生活在一起，对方却不是自己母亲，这唤起了他5年前对于父母离婚的哀伤。在这个年龄，以这样的方式重新唤起丧失和哀恸的感觉，通常是非常痛苦的。

这也正是玛丽要面对的问题。在玛丽14岁生日的前几个月，她会因为一点点的挑拨而无法遏止地哭泣。朋友们很担心她，并找了一个适当的时间，把情况报告给了班主任。玛丽一直都是品学兼优的模范生，表面上看起来是一

贴心小叮咛

父母离异的伤痛不管过了多少年依然会存在。当他们有了新伴侣，旧日伤痛就会被唤醒。不敢对父母表现出来的仇恨和敌意自然会转嫁在父亲或母亲的新伴侣身上。父母不要漠视轻忽青少年的感受与压力，反而要帮助他们接受事实，看见事情美好的一面。

个受欢迎的、快乐的女生。大家都期望她在大考时取得耀眼的成绩。刚开始，大家以为玛丽是因为最要好的朋友要转学，以及明年要开始准备大考而不安，玛丽曾说过她很怕自己达不到父母对自己的期望。

在和班主任的会谈中，玛丽透露了自己对于6年前父母离异的哀恸和悲伤。老师之前曾听玛丽的妈妈谈起这件事。她妈妈说玛丽当时处理得很好，似乎一点也没有受到父母离异的影响。玛丽当时把精力全都放在学习上了，并在各方面都表现优异。玛丽现在的苦恼戳破了妈妈所编织出来的乐观的、不切实际的保护罩。

当时，玛丽的妈妈需要减少离婚造成的伤害，因为她很替女儿担心，因此将注意力从自己的脆弱感受上转移到了女儿的优点和成就上。玛丽也通过专注在学校课业和其他的成就上而逃避压力，尽量避免增加爸妈的担忧。但在新学校里的烦恼和即将失去好朋友，这些表面上看起来不那么重要的事情却引发了玛丽以前的难过情绪。这些烦恼也具有其他的含义：玛丽原本天真地幻想着如果自己真的表现得很好，就有可能让爸妈复合。所以，就连一点点的差池都会让她害怕，担心导致父母永远都不能复合的事实。

兄弟姐妹争吵是家常便饭

在一个经历过失去或分离事件的家庭里，即使是一般的问题都可能引起特别紧张、激烈的反应。在多数家庭中，即使是很普通的冲突也很容易在青春期初期的孩子间发生，且常发生在一些以往不会产生任何问题的事情上，如零用钱的多少、家务的分配或得到了多少关注。

因此，10—11岁儿童与兄弟姐妹的关系完全不同于12—14岁的青少年与兄弟姐妹的关系。在12岁时，他们对权利和特权的敏感度会突然改变。在那之前，与弟弟妹妹之间的关系可能可有可无，不会特别关注某些事情，比如零用钱。不会花力气去算计约翰尼比苏珊大3岁零4个月，因此约翰尼应该多拿多少零用钱。然而，在孩子12岁时，家长可能会面临一种情况，就像杰克的家庭一样，孩子们不仅用小气的态度分配洗碗这件差事，还遵循一个复杂的制度，把每一个盘子、锅子和刀具都标上清洗的价格。爸妈失望地描述了杰克是如何要求自己的豁免权和特权的，以及在许多不太重要的小地方——比如头发的分边方式，虽然没什么意义——都煞费苦心地计较着自己比弟弟和姐姐厉害许多（弟弟根本一点也无所谓，姐姐比较大方慷慨，不会计较这些）。

贴心小叮咛

12—14岁的青少年对家中地位的差异突然变得很在意。他们觉得自己应该晋升到与年长的哥哥姐姐一样的位置，再也不是一个小孩了。他们开始藐视比自己小的孩子，有时会和他们竞争父母所给予的保护和关注，有时又不屑于父母的付出，甚至会拒绝。父母自我安慰的最好方式是记住“这只是一个过程”。

主要的竞争通常是发生在与弟弟和妹妹之间的，而非和哥哥或姐姐之间的。12—14岁的青少年对于地位的差异突然变得很在意，觉得应该晋升到与年长的哥哥姐姐一样的位置，觉得自己可以加入他们的世界，再也不是一个小孩了。他们会开始藐视比自己小的孩子，有时会和他们竞争父母所给予的保护和关注，有时又不屑于父母的付出，甚至还拒绝这样的好意。劳伦斯是如此描述的：

> 我14岁时，如果有人找我麻烦，哥哥会替我出头、支持我。他会带我到许多地方去，包括工作的地方。他的朋友会说：“为什么你每次都要带着你弟弟？”汤姆会回答：“如果他不能去，我也不要去。”这听起来很爽。

在这个年龄，他们突然间要面对有关权利和地位的复杂角力，得非常努力才能在其中存活下来。

为了公平问题和弟弟妹妹争吵不断，再加上新的紧张状况，比如一个无关痛痒的玩笑突然间变成了很严重的贬抑，他们会反应激烈，容忍度越来越低，强力反击。父母们对于这些以往本可控制的竞争与争吵变成了火药味十足的冲突情绪，感到相当无力与失望。他们希望"这只是一个过程"，实际上确实是，但偶尔还是会觉得这是一个超乎想象的挑战。这样的苦战，对青少年不一定是麻烦，比起大人的世界，他们认为生理的发展与刻薄的语言更令人安心。

面对意外诞生的新生儿，年龄稍大的青少年可能抱持欢迎的态度，因为这引发了他们潜在的父性或母性。年龄较小的青少年就不同了，之前他们可能是家中最小的，现在必须放弃这个位置，甚至变成隐形人。他们可能因此产生强烈的嫉妒，并表现出非常极端的退缩行为，早熟地躲入其他的"世界"里，更戏剧化的是，有些女生甚至会在这个时候怀孕。

不过，新生的弟弟妹妹的出现可能也打破了一种状况。这是很多人都遇到过的状况，青少年发现当家中最小的成员也是有难处的，很容易扮演失败者的角色。崔西总结了自己在12岁时的经验：

那真是一场噩梦。哥哥姐姐好像还好，但我讨厌所有的事情。我那时候长得又丑又没用。常看杂志后面的读者问答，想要找找看有没有人比我更奇怪。在家里，我有整整两年都是完全闭嘴没声音的。我就像是戴了一个面具。我妈问我："怎么了？"我说："没事。"或者她说："你在想些什么？"我回答："我不知道。"我觉得当最小的那个有好多限制，但也比较安全。或许因为我的家人很团结，他们对我的期望让我能够继续努力，而我的很多朋友都没有撑过来。

小时候用的"草率处理"方式在这个阶段常常不管用了，想要被特别对待的需求越来越强烈。家长们发现，自己面对的似乎是社交问题，既要努力提供不一样的待遇，又要记得孩子们仍是脆弱的、需要依赖他人的。20岁的劳伦斯描述了爸妈如何提供"许多空间，让他可以尽情尝试"。同时，他也"清楚地知道界限在哪里，但一点也不在乎这些"。在三兄弟中，老大汤姆就没这么幸运了。罗伦斯说："汤姆对青春期一点准备也没有，对他来说，那是一个很痛苦的时期。"

青春期对他来说是一件新鲜事，对爸妈来说也是。他们是一对蛮孤僻的父母，住在小镇外，搞不清楚孩子在青春期会发生什么事情。"当你受到的对待和朋友都不一样时，是很尴尬的，而且会有欺骗和麻烦——至少对汤姆来说是这样子的。因为我们家的规定和其他人很不一样，当时汤姆一定过得很辛苦。我爸认为他就是该努力工作，赚钱养家，以致完全错过了大哥的成长过程。对于汤姆来说，我爸解决事情的方式就是给他一巴掌，但当我们两个小的到了这个阶段时，他已经不再用那种方式处理问题了。我想他从汤姆的经验里有所学习，但汤姆的确受了不少苦。”

组织父母阵线联盟

劳伦斯的例子显露了许多重要的议题，尤其是在12—14岁的孩子探索自己的界限时，对一种全新的经验所产生的压力该有哪些反应。既不能过度惩罚或太严格，也不能过于担心害怕而采取放纵的态度。在这样的情况下，了解其他家庭为青少年制定的“规定”是很有帮助的。尽管现在与其他家长闲聊的机会不如以前多了，但在一个不确定的阶段，父母如能多少了解青春期的孩子的世界里有哪些主要问题，以及多认识一些家长或和同年龄孩子的爸妈做朋

贴心小叮咛

父母如能了解青春期孩子的主要问题，多和同年龄孩子的爸妈做朋友，交流彼此对青少年的观察和理解，甚至沟通各家的“规定”，取得一定共识，对家长还是青少年来说，都是相当有帮助的。

友，便能得到重要且有帮助的观察和理解，这些都会很有帮助。

大约知道这个年龄的孩子该什么时候睡觉、白天可以睡多晚、可以有多少零用钱、能参加哪些活动、有关喝酒的规定等，家长就可以建立一个和其他家庭一样的界限，并要求孩子们遵守。青少年可能也会松一口气，因为有某种界限可以依循，而且是一群家长都同意的规则，不必再忍受不公平，减少个人的不满。许多12—14岁的孩子会有一种特殊的“技能”，就是拆解大人的世界，一一比较，尤其是比较家长和家长，父母和老师，或自己的家庭和其他家庭。在“只有我不可以在外面过夜”的情况下，如果有一群家长能够以关心但不过分侵犯干涉的方式调整规定且取得共识，就可避免许多正面冲突、顶撞及反复争辩。

结　论

蜕变

在此阶段，多数12—14岁的孩子和家长正经历一个相当刺激与艰难的成长过程。青少年会寻找自己的方式来适应这个陌生的阶段。此时是他们探索真实的自我的时候，可能与自己或爸妈原来期望的不一样。每一步不只伴随某种丧失，同时也有所收获，虽然目前不太看得出来，但之后会清楚地呈现。

这是家长很担忧的阶段，会因为孩子们的烦恼和痛苦而被迫去注意某些事情。有些人会说他们喜欢12岁的时候，但到了14岁，就得承认自己当时其实没那么开心了。本书是关于复杂而令人担忧的转折期的，关注的是从一个阶段到另一个阶段的挣扎。这样的挣扎可以是丰富却具杀伤力的。最好的状况是，在这几年的动荡中，历经恢复、理解、容忍和诚实，亲子关系更加扩展与深化。父母与孩子可以准备面对分离、成长、改变，以及建立更持久的情谊，和对彼此的尊重与珍惜。